刘怀汉　付中敏　郑惊涛　王平义　曹民雄　编著

长江航道整治滩体控制成套技术研究及应用

Research and Application of
ach Body Control Packaged Technology
in the Yangtze River Waterway
Regulation Engineering

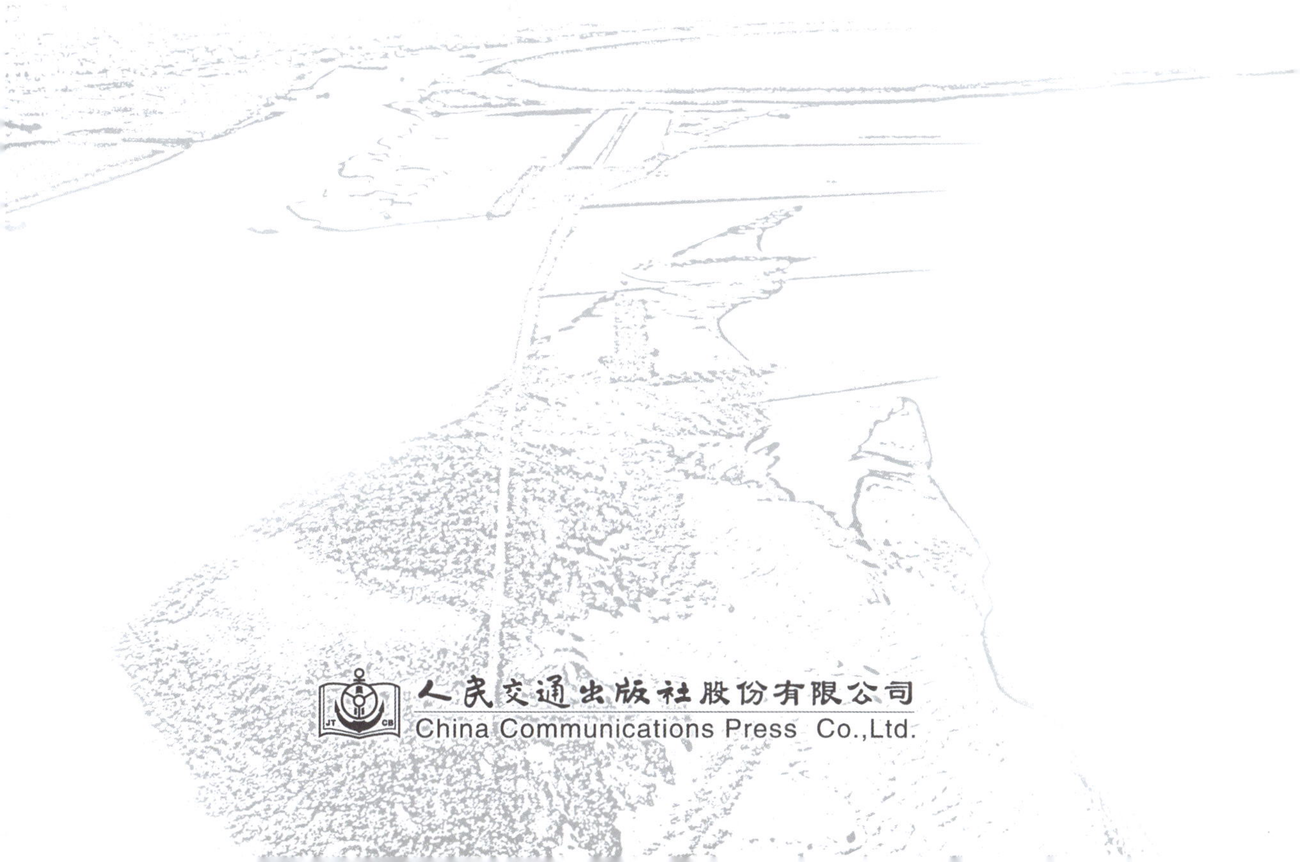

人民交通出版社股份有限公司
China Communications Press Co.,Ltd.

内 容 提 要

本书为“交通运输行业高层次人才培训项目著作书系”中的一本。本书依托长江航道系统整治工程,系统研究了各类洲滩的水沙运动特性,突破了洲滩守护工程建筑物及模型试验的模拟技术,提出了洲滩守护工程的布置方法及施工工艺等。

本书可供从事航道整治工程前期研究及设计工作的技术人员使用,也可供高等院校相关专业师生参考。

图书在版编目(CIP)数据

长江航道整治滩体控制成套技术研究及应用 / 刘怀汉等编著. — 北京 : 人民交通出版社股份有限公司, 2017.7

(交通运输行业高层次人才培养项目著作书系)

ISBN 978-7-114-13653-5

Ⅰ. ①长… Ⅱ. ①刘… Ⅲ. ①长江—浅滩—航道整治—成套技术—研究 Ⅳ. ①U617

中国版本图书馆 CIP 数据核字(2017)第 023901 号

交通运输行业高层次人才培养项目著作书系

书　　名: 长江航道整治滩体控制成套技术研究及应用
著 作 者: 刘怀汉　付中敏　郑惊涛　王平义　曹民雄
策划编辑: 周　宇
责任编辑: 牛家鸣
出版发行: 人民交通出版社股份有限公司
地　　址: (100011)北京市朝阳区安定门外外馆斜街 3 号
网　　址: http://www.ccpress.com.cn
销售电话: (010)59757973
总 经 销: 人民交通出版社股份有限公司发行部
经　　销: 各地新华书店
印　　刷: 北京市密东印刷有限公司
开　　本: 787 × 1092　1/16
印　　张: 7.75
字　　数: 164 千
版　　次: 2017 年 7 月　第 1 版
印　　次: 2017 年 7 月　第 1 次印刷
书　　号: ISBN 978-7-114-13653-5
定　　价: 50.00 元
(有印刷、装订质量问题的图书,由本公司负责调换)

书系前言

Preface of Series

进入21世纪以来，党中央、国务院高度重视人才工作，提出人才资源是第一资源的战略思想，先后两次召开全国人才工作会议，围绕人才强国战略实施做出一系列重大决策部署。党的十八大着眼于全面建成小康社会的奋斗目标，提出要进一步深入实践人才强国战略，加快推动我国由人才大国迈向人才强国，将人才工作作为"全面提高党的建设科学化水平"八项任务之一。十八届三中全会强调指出，全面深化改革，需要有力的组织保证和人才支撑。要建立集聚人才体制机制，择天下英才而用之。这些都充分体现了党中央、国务院对人才工作的高度重视，为人才成长发展进一步营造出良好的政策和舆论环境，极大激发了人才干事创业的积极性。

国以才立，业以才兴。面对风云变幻的国际形势，综合国力竞争日趋激烈，我国在全面建成社会主义小康社会的历史进程中机遇和挑战并存，人才作为第一资源的特征和作用日益凸显。只有深入实施人才强国战略，确立国家人才竞争优势，充分发挥人才对国民经济和社会发展的重要支撑作用，才能在国际形势、国内条件深刻变化中赢得主动、赢得优势、赢得未来。

近年来，交通运输行业深入贯彻落实人才强交战略，围绕建设综合交通、智慧交通、绿色交通、平安交通的战略部署和中心任务，加大人才发展体制机制改革与政策创新力度，行业人才工作不断取得新进展，逐步形成了一支专业结构日趋合理、整体素质基本适应的人才队伍，为交通运输事业全面、协调、可持续发展提供了有力的人才保障与智力支持。

"交通青年科技英才"是交通运输行业优秀青年科技人才的代表群体，培养选拔"交通青年科技英才"是交通运输行业实施人才强交战略的"品牌工程"之一，1999年至今已培养选拔282人。他们活跃在科研、生产、教学一线，奋发有为、锐意进取，取得了突出业绩，创造了显著效益，形成了一系列较高水平的科研成果。为加大行业高层次人才培养力度，"十二五"期间，交通运输部设立人才培养专项经费，重点资助包含"交通青年科技英才"在内的高层次人才。

人民交通出版社以服务交通运输行业改革创新、促进交通科技成果推广应用、支持交通行业高端人才发展为目的，配合人才强交战略设立“交通运输行业高层次人才培养项目著作书系”（以下简称“著作书系”）。该书系面向包括“交通青年科技英才”在内的交通运输行业高层次人才，旨在为行业人才培养搭建一个学术交流、成果展示和技术积累的平台，是推动加强交通运输人才队伍建设的重要载体，在推动科技创新、技术交流、加强高层次人才培养力度等方面均将起到积极作用。凡在“交通青年科技英才培养项目”和“交通运输部新世纪十百千人才培养项目”申请中获得资助的出版项目，均可列入“著作书系”。对于虽然未列入培养项目，但同样能代表行业水平的著作，经申请、评审后，也可酌情纳入“著作书系”。

高层次人才是创新驱动的核心要素，创新驱动是推动科学发展的不懈动力。希望“著作书系”能够充分发挥服务行业、服务社会、服务国家的积极作用，助力科技创新步伐，促进行业高层次人才特别是中青年人才健康快速成长，为建设综合交通、智慧交通、绿色交通、平安交通做出不懈努力和突出贡献。

交通运输行业高层次人才培养项目
著作书系编审委员会
2014 年 3 月

作者简介

Author Introduction

刘怀汉，男，1965年生，湖北武汉人，博士，教授级高工，现任长江航道局技术服务处处长、国家内河航道整治工程技术研究中心总工、交通运输部专家委员会委员，主要从事长江干线航道整治相关的规划及科研设计工作。

在国内外学术刊物上发表论文100余篇，荣获国家科技进步二等奖1项、省部级一等奖12项。国务院政府特殊津贴专家、全国"五一"劳动奖章获得者、全国劳动模范、科学中国人2011年度人物，荣获"交通青年科技英才"、交通运输行业科技特殊贡献奖等荣誉称号，入选交通运输部"十百千人才工程"第一层次人选、国家"百千万人才工程"。

代表著作有《长江上游干支流汇合口水沙特性及整治技术》（人民交通出版社，2013年）、《现代内河航道助航技术》（武汉理工大学出版社，2015年）、《长江中游荆江河段航道整治关键技术》（人民交通出版社股份有限公司，2015年）、《长江上游宜宾至重庆段航道整治关键技术》（人民交通出版社股份有限公司，2015年）。

作者简介

Author Introduction

付中敏，男，1977年生，吉林长岭人，博士，教授级高工，现任长江航道规划设计研究院航道研究二所所长。主要从事长江中下游航道整治相关的规划及科研设计工作。

近年来通过主持或参与国家科技项目、西部交通建设科技项目、大型航道整治科研设计项目，解决了碍航特性和演变规律、治理措施、工程结构、模拟技术等关键技术，形成了一整套洲滩控制技术，研发了一批消能促淤、生态型整治建筑物及新型结构，对受三峡工程蓄水运用影响下的中下游航道治理有较高的造诣。

在国内外学术刊物上发表论文五十余篇，获得国家级咨询成果一等奖1项，省部级奖二十多项，其中科技一等奖6项、设计一等奖1项。获得湖北省青年岗位能手、长江航务管理局第四届"长航十大杰出青年"、交通运输部"交通青年科技英才"、交通运输部"交通运输行业中青年科技创新领军人才"、中国航海学会青年科技奖、湖北青年五四奖章等荣誉称号。

前　言

Foreword

内河是大自然恩赐给人类的宝贵资源，不仅供人类生活饮用，而且具有防洪、灌溉和发电的功能，同时馈赠给人类运能大、污染小、效能高、占地少的天然航道。长江作为我国第一大内河，在流域经济社会发展中具有极其重要的地位，素有“黄金水道”之称。其干支流通航里程已达6.5万多公里，占全国内河通航里程的52%，水运量占全国内河水运量的80%。长江流经我国十一省（市、区），流域面积占国土面积的1/5。长江流域生产了全国1/3的粮食，创造了全国1/3的GDP，养育了全国1/3的人口，是全国内河航运最重要的水运主通道，是我国规划的“三横一纵”内河交通运输网的重要组成部分。

近年来，我国政府高度重视水运发展，从20世纪50年代以来，国家投入大量资金对长江进行了大规模的航道整治，其中长江中下游河段流经广阔的冲积平原，航行条件优越，因航运需求旺盛，成为长江干线航道整治的重点，近年来陆续实施了多个重点浅滩河段航道整治工程，提高了局部河段的航道尺度，明显改善了干线航道条件，取得了良好的整治效果。由于中下游普遍存在洲滩不稳定，整治工程中最常采取的就是“守滩稳槽、局部调整”的总体治理思路，护滩目前已经成为中下游航道整治中最为普遍的一种手段，相关的研究成果也较为成熟。护滩工程的研究主要分为四大类：一是水沙运动及机理研究，主要是研究长江中下游各类边滩形态、演变特征、护滩建筑物损毁类别、特征及原因机理等分析；二是护滩建筑物模拟技术研究，针对长江航道整治工程中应用最为普遍的护滩建筑物，开展护滩建筑物模拟比尺、概化模型相似性设计技术研究，解决护滩建筑物的模拟技术问题；三是结构及布置研究，主要包括长江中下游已有护滩（底）建筑物的应用现状及常用结构形式，针对滩体性质和整治目标提出护滩结构，研究典型护滩（底）建筑物的适用条件、优缺点、构件设计等；四是施工工艺的研究，护滩建筑物在使用之前，必然要开展施工工艺的研究，如何安全、科学、高效地进行现场施工，是一个综合性很强的问题。护滩工程建设完成后，其运行效果的追踪分析也是一个重要的课题。从已建工程护滩情况看，所采用的护滩建筑物受损或破坏的问题较为突出，有些甚至直接影响浅滩整治效果并增加工程维护难度，因此护滩工程的维护、开展结构优化以及结构稳定性的措施研究也成为重要的研究内容。

由于滩体演变产生的碍航是长江中下游地区河道碍航普遍存在的一种形式，因此，为保障长江干流航道的畅通，从根本上解决浅滩碍航问题，特别是三峡水库蓄水运用后，上游来沙量逐渐减少，受其影响，长江中下游河道内的洲、滩受到不同程度的冲刷，水流特性更加复杂，从而对护滩建筑物的稳定性提出了更高、更新的技术要求。可以说，在新的形势下，致力于探讨河道整治护滩工程技术，积极探索新结构、新材料、新工艺的研究思路，对长江黄金水道建设具有重要的参考意义。

本书共分为8章。第1章"长江中下游滩型及碍航特征"，包括研究背景及目的意义，长江中下游边滩、心滩和江心洲头低滩的介绍等。第2章"护滩建筑物的分类及作用"，主要介绍散抛块体护滩、坝体护滩、软体排护滩以及其他形式护滩等。第3章"护滩水沙运动及破坏机理"，开展护滩工程水力特性、泥沙冲淤特性、护滩工程破坏形式以及护滩工程破坏机理研究。第4章"护滩工程平面布置方法"，介绍条状间断守护、集中守护和间断守护结合型、整体守护3种护滩工程守护形式。第5章"护滩结构设计方法"，主要内容包括护滩常用结构形式、护滩结构设计选取、软体排、鱼骨坝与透水框架主要构件设计。第6章"护滩工程施工工艺"，包括施工工艺概述、软体排、鱼骨坝及透水框架施工工艺等。第7章"护滩工程的维护"，包括稳定性预防措施、水毁监测技术和工程修复措施等。第8章"工程实例分析"，包括长江中游窑监河段航运整治一期工程和长江中游沙市河段航运整治一期工程。

本书成果是在长江航道规划设计研究院对软体排长期跟踪研究的基础上，进一步研究、加工凝练形成的，凝聚了该院的集体智慧。参与本书编写的主要人员有长江航道局刘怀汉、吕永祥等；长江航道规划设计研究院付中敏、郑惊涛、陈飞、潘美元、余珍、赵凤亚、黄成涛等；重庆交通大学王平义、喻涛等；南京水利科学研究院曹民雄、马爱兴等。

本书在编写过程中得到了交通运输部科技司、西部交通建设科技项目管理中心、交通运输部水运局、重庆交通大学、长江航务管理局、长江航道局、交通运输部三峡办、南京水利科学研究院等单位领导和专家的关心、支持和帮助，在此深表感谢！

作者

2016年9月

目　　录

Contents

第1章　长江中下游滩型及碍航特征

1.1　边滩

1.1.1　边滩定义

边滩为受冲蚀的河床泥沙在水流作用下搬运至河岸一侧(或两侧)的缓流区或汇流区，堆积成水下堆积物，成为河床横剖面上相对高起的部分，在枯水期常露出水面，在河口区露出水面又称沙咀。边滩被水流切割，可以形成心滩；心滩受淤积与岸相连，也可变成边滩。

1.1.2　边滩特征

(1)边滩形态特征

边滩基本特征为：位于缓流区并与水流基本同向或交角不大，中水时被淹没、枯水时露出水面并依附于河岸。

根据边滩出现在河道中的部位，可分为三类：

①凸岸边滩，位于弯曲河段的凸岸，受弯道横向环流作用形成。

②凹岸边滩，位于弯曲河段及弯曲分汊河段的凹岸，因水流动力轴线迁离凹岸形成缓流区或回流区而形成。

③顺直边滩，位于顺直河段的放宽段内，受次生环流作用形成，有时河道两侧交错分布。

长江中下游部分典型边滩的基本特征参数见表1.1-1，由表可见，边滩形态以顺直边滩居多，出现边滩处的河宽为0.8~4.0km，边滩宽为0.2~0.66km，边滩长为0.6~6.2km，滩体长宽比(滩体长度与最宽处宽度之比)变化较大为1.5~12.8，边滩引起的河宽压缩比(滩体最宽处宽度与河宽之比)为0.12~0.51。

长江中下游部分典型边滩的基本特征参数表　　表1.1-1

序号	水道名称	水道长(km)	水道宽(km)	滩体名称	类型	滩体长(km)	滩体宽(km)	滩体高(当地基面)(m)	滩体长宽比(平均值)	滩体压缩比(平均值)
1	宜都水道	8	1.1 ~1.8	沙坎湾边滩	顺直	2.1~3.0	0.20~0.50	0~6.0	7.3	0.24
2	芦家河水道	12	1.0~2.2	羊家老边滩	微弯凸岸	0.6~0.8	0.27~0.66	0~5.9	1.5	0.29
3	马家咀水道	15	1.0~4.0	白渭洲边滩	顺直	2.1~3.0	0.20~0.40	0~6.0	8.5	0.12
4	周公堤水道	12	0.8~1.8	蛟子渊边滩	微弯凹岸	4.0~6.2	0.30~0.50	0~6.0	12.8	0.31
5	界牌过渡段	38	1.6~1.8	螺山边滩	顺直	3.6~4.5	0.40~1.12	0~3.1	5.3	0.45
6	嘉鱼水道	16	1.3~4.2	汪家洲边滩	顺直	3.1~4.5	0.15~0.70	0~5.2	8.9	0.15
7	武桥水道	5	1.1~2.0	汉阳边滩	顺直	1.6~3.5	0.36~0.82	0~5.0	4.3	0.38
8	湖广水道	10	0.9~1.4	魏家坦边滩	顺直	1.5~2.6	0.51~0.67	0~4.0	3.5	0.51
9	牯牛沙水道	17	1.1~1.4	牯牛洲边滩	顺直	2.1~2.3	0.58~0.64	0~13.6	3.6	0.49
10	窑集脑水道	9	1.0~1.3	洋沟子边滩	顺直	3.0~6.0	0.30~0.60	0~5.9	10	0.39

(2)边滩的断面特征

依附有边滩的河段断面特征见图1.1-1、图1.1-2。可见,滩体一般伴随深槽,深槽边坡较陡,而滩体坡度平缓。边坡统计情况见表1.1-2,从以上几个典型边滩断面形态来看,深槽边坡比一般为1:2.5~1:5;滩体一般为1:50~1:90。

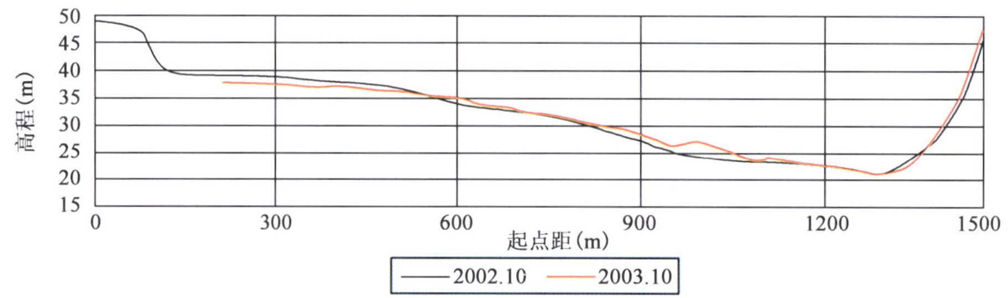

图1.1-1　荆3(枝城)横断面变化图

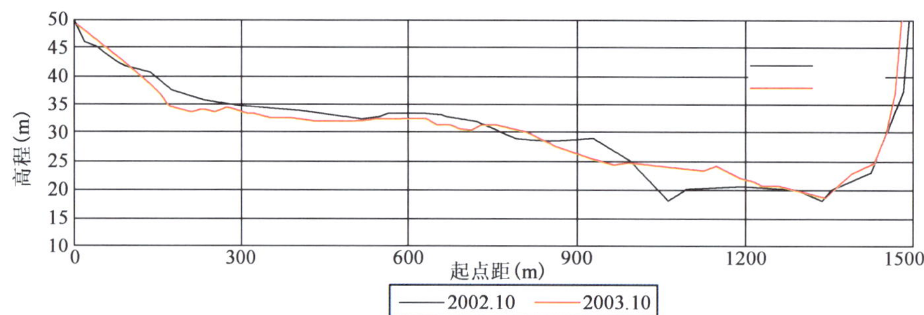

图1.1-2　荆7横断面变化图

典型边滩断面边坡统计情况表　　表1.1-2

序号	滩体平均坡比	深槽平均坡比	比　值
1	1:54.48	1:4.37	12.46
2	1:86.92	1:2.47	35.14
3	1:52.48	1:2.99	17.54
4	1:91.91	1:3.01	30.56

1.1.3　边滩演变特点及与航道条件关系

由于边滩是河道内中枯水流动的依托边界,在河道中主要起塑造河槽、约束水流的作用。完整稳定的边滩往往是航槽稳定与畅通的基础,当边滩保持高大完整时,航道条件较好;当边滩滩体不稳定(边滩下移或者被冲散)时,将直接影响到航道尺度,下移的滩体泥沙可能输移到航道内使得航深不足,被冲散的滩体因分流也将引起航道内航深不足。特别是三峡枢纽运行后,上游来沙量减少,三峡枢纽以下河道开始进入清水冲刷期,同时,中水流量过程延长,主流顶冲位置较为固定,长江中下游特别是荆江河段边滩的稳定性受到威胁。为此,在航道整治中,常常采取护滩建筑物对边滩进行守护,防止边滩受水流冲刷切割,导致航道向不利方向变化。

(1)顺直河型

顺直河型的边滩往往呈犬牙交错状分布,最主要的演变特征是犬牙交错的边滩向下游移动,相应的深槽和浅滩也同步下移,由于两侧边滩下移速度难以一致,使得航道条件时好时坏。

三峡蓄水后,大量泥沙被拦截在坝上,清水下泄使得顺直型水道在呈现以上演变规律的同时,出现了滩缘冲刷,河槽展宽,河相系数变大,河槽趋于宽浅,过渡段浅区易出浅碍航。

(2)弯曲河型

受弯道环流的作用,凹岸不断淘刷,凸岸不断淤积而形成边滩,一般情况下,该边滩会越来越大,航道越来越弯曲,弯曲半径越来越小,在此过程中,河槽难以稳定;发展到一定程度后,发生自然裁弯或切滩现象。

三峡蓄水后,清水下泄并没有改变弯曲河型的演变特征,但切滩现象发生的几率将大幅增加,航道条件更加难以稳定。

(3)分汊河型

分汊河型的演变极为复杂,受很多因素的影响,主要表现为平面的移动,洲头洲尾的冲淤,汊道内的纵向冲淤,最为显著的是主支汊的易位。当边滩出现在单一段或汊道内时,边滩的演变特点及对航道条件的影响同顺直河型或弯曲河型;当边滩出现在分汊段时,边滩的平行下移则直接影响到该侧汊道的兴衰,相应影响着航道条件。

1.2　心滩

1.2.1　心滩定义

心滩,又称沙岛,是河心凸出床面的水下淤积体,与复式环流作用有关。在河床突然加宽处,由于河水流速降低,在河底受两股相向的底流作用,于是,发生了两岸侵蚀,而在河床底部堆积,逐渐形成心滩。一般而言,对于低于平滩水位的河心浅滩称为心滩,而高于平滩水位的高滩则称江心洲,心滩往往是高大完整的江心洲雏形。每当洪水期间,心滩就增大淤高,顶部覆盖了悬移质泥沙,发展成经常露于水面之上的江心洲。由于心滩和江心洲的发展,使河流分汊,河床不稳定。在一定的条件下边滩和心滩可以互相转化,它们也都可能发展成河漫滩的一部分。

1.2.2　心滩特征

心滩的基本特征为:相对独立的江中淤积体。

(1)江心洲洲头水下延伸一般伴随着洲头低滩。洲头低滩基本特征为,位于分流扩散区,头部坡度较缓,尾部较陡,呈前低后高状。滩体与洲体连接有的紧密,有的半分离(窜沟),如长江窑监水道乌龟洲洲头低滩、天心洲水道洲头低滩、罗湖洲水道东槽洲洲头低滩等。洲头低滩形态与两汊的演变相关,一般来讲,洲头低滩头部偏向哪一汊,则该汊趋于衰退。

(2)心滩(潜洲)基本特征为:一般位于放宽河道内,有的比较稳定,有的不稳定。稳定心滩一般位于非主流区,低矮平缓,较完整,如长江东流水道老虎滩。不稳定心滩一般位于洪枯水流路变化较大的主流线变动区,如长江太平口水道三八滩等。荆江河段重点水道江心洲(滩)滩体基本特征见表1.2-1。

荆江河段重点水道滩体基本特征一览表　　表 1.2-1

序号	水道名称	水道长（km）	滩体名称	平面形态	心滩类型	滩体长（km）	滩体宽（km）	滩体高（当地基面）(m)	河宽变化率	河宽收缩比	滩体长宽比（平均值）
1	天兴洲河段	20	天兴洲洲头低滩	微弯分汊	沉积型洲头心滩	1.0～2.0	0.30～0.40	0～6.9	1.60	0.18	4.3
2	太平口水道	22	太平口心滩	顺直分汊	沉积型独立型	2.9～5.1	0.38～0.69	0～4.0	1.45	0.33	7.5
3	太平口水道	22	三八滩	微弯分汊	切割型独立型	2.6～4.4	0.42～2.13	0～11.7	2.33	0.19～0.58	4.1
4	藕池口水道	10	倒口窑心滩	顺直分汊	沉积型独立型	1.2～2.7	0.13～0.5	0～4.5	1.55	0.07	6.2
5	窑监河段	16	乌龟洲洲头低滩	弯曲分汊	沉积型洲头心滩	1.3～3.4	0.4～0.8	0～7.30	2.15	0.30	3.9
6	燕子窝水道	7.6	燕子窝心滩	单一河型	沉积型独立型	3.6～5.2	0.5～1.6	0～8.20			4.2
7	罗湖洲水道	21	东槽洲洲头低滩	鹅头分汊	沉积型洲头心滩	1.4～3.2	0.3～1.1	0～7.8	2.54	0.21	3.3
8	戴家洲水道	16	新洲洲头低滩	分汊	沉积型洲头心滩	2.0～4.0	0.3～1.5	0～5.6			3.3
9	武新水道	28	鸭儿洲心滩	鹅头分汊	沉积型洲头心滩	3.0～7.0	0.3～3.5	0～6.0			2.6
10	东流水道	32	老虎滩	顺直分汊	沉积型独立型				1.67	0.36	4.6

1.2.3　心滩演变特点与航道条件的关系

心滩因孤立于河心往往使得中枯水的水深不满足航深要求。当心滩滩体不稳定(心滩下移或被冲散)时，将直接影响到航道尺度，下移的心滩泥沙可能输移到航道内使得航深不足，被冲散的心滩因窜沟多水流分散，也将引起航槽位置的不稳定或者航深的不足。完整稳定的心滩往往是航槽稳定畅通的基础，随着心滩的淤长，变得完整稳定，成为江心洲，河床断面形态逐渐变为“W”形，河道变为分汊型。

三峡枢纽运行后，上游来沙量大量减少，三峡枢纽以下河道开始进入清水冲刷期，同时，中水流量过程延长，主流顶冲位置较为固定，心滩滩缘冲刷，长江中下游特别是荆江河段心滩的稳定性受到更为严重的威胁。为此，在航道整治中，常常采取护滩建筑物对处心滩进行守护的措施，确保心滩的高大完整，防止心滩的冲散导致航道向不利方向变化。

第 2 章　护滩建筑物的分类及作用

2.1　散抛块体护滩

散抛块体护滩主要指的是在滩面上散抛 50～80cm 的块石进行护滩，这种结构形式适用于流速不大的近岸护滩，曾用于闽江水口电站下的护滩工程，西江鲫鱼滩、盐蛇滩的护滩工程等，在汉江襄利河段航道整治工程中也采用过这种散抛块体护滩。

2.2　坝体护滩

坝体护滩指通过建设坝体（坝体群）达到护滩的效果，坝体形式有丁坝、顺坝、鱼骨坝等，主要适用于水深一般较浅的位置，在黄河、闽江、西江等河流治理中应用较多，在长江上也有一定应用，其中丁坝、顺坝主要用于守护边滩，鱼骨坝主要用于守护心滩（图 2.2-1）。

鱼骨坝一般依心滩或江心洲而建，由顺水流方向的顺坝（脊坝）和垂直于顺坝（脊坝）轴线的刺坝组成，脊坝主要用于分流、分沙和归顺水流方向，刺坝可调节环流的运动，并增强坝体的稳定[10]。因此，在航道整治中，鱼骨坝在分流分沙的同时，还可用于改善不良流态、稳定洲滩、保持有利的河势和滩槽格局[11]。

图 2.2-1　闽江河流治理工程中的护滩坝体

不同形式的鱼骨坝工程对整治河段的水、沙运动有着不同程度的影响。以固滩（护滩）、稳定洲头为主的鱼骨坝，依原有滩头或洲头的地形进行防护，其平面线型应顺滑、水流能够平顺过渡，以减少工程对原有水、沙运动的干扰；而以分流、分沙、调整不利流态为主的鱼骨坝，其方向和尺寸的选取非常关键，一般需进行多方案比较以确定最佳方案[11]。因此，根据河道地形、水流特征以及建筑物整治功能的不同，鱼骨坝的布置形式也往往具有多样性。如湘江下摄司滩段，为同时满足左岸工业取水与右岸码头作业要求，采用由一条中心顺坝（脊坝）与八座横向格坝（刺坝）组成的鱼骨坝进行人工分汊[12-14]；湘江耒水珠矶滩河段[15,16]则在滩段江心洲头部作一顺坝（脊坝），并在其两侧各建 4 座丁坝（刺坝），使分汊河道分流区的斜流区上移以避开桥区；湘江北门滩[17,18]采用在三汊洲头建顺坝，左侧加正交齿坝 5 座等措施来恢复边滩、固定洲头、减小洪枯流向的差别；而长江东流水道鱼骨坝则由一条中心脊坝及 4 座依次加长的刺坝组成[19-21]。

鱼骨坝坝体的稳定性与其周围水流特性有着密不可分的联系，而工程后水流特性也直接影响到航道的通航条件。因此，对鱼骨坝的研究首先要建立在对其周围水流特性充分认识的基础上。

(1)鱼骨坝对周围水流的影响

鱼骨坝结构的复杂决定了其周围水流条件的复杂性。鱼骨坝一般建立在江心洲或心滩头部,抬高了洲头,使得水流分流区上移[15];建于斜流区的鱼骨坝对水流流向改变较大,如胡旭跃等在对桃源大桥斜流碍航问题的研究中发现,在江心洲洲头修建鱼骨坝可以使斜流与航槽的最大交角由38°减少到15°~24°[22,23]。横向布置的刺坝缩窄了过水断面,引起坝田外的冲刷,同时阻挡了水流的横向穿插,促进了坝田淤积[14];此外,长江航道规划设计院[19]认为各刺坝对水流作用不一,张少云等[23]在沅水跑马滩的整治模型试验中发现,处于斜流区的鱼骨坝,刺坝长度越短,对斜流的约束作用就越小。

(2)存在问题

对于洲头顺坝形式的鱼嘴,其迎流方向、长度的不同均直接影响到坝体两侧的分流、分沙比以及航道的水流条件[24-26];可见,鱼骨坝工程中脊坝方向、长度的不同也必然会影响到工程后整治效果。而刺坝位置、结构的确定同样受到诸多因素的制约:首先,各刺坝对水流作用不一[19],因此其布置间距不仅影响到工程后水流条件,同时也直接影响到工程造价;其次,刺坝长度太长时,将对船舶航行安全造成威胁,而且也增加了工程造价,但刺坝长度过小时,却又对水流作用较小,难以达到理想的整治效果[23]。显然,鱼骨坝工程中脊坝的方向、长度以及各刺坝的布置间距、长度均有待深入研究。

另外,鱼骨坝往往处于主流顶冲点,脊坝常常经受水流的正向冲刷,各刺坝也受到水流的横向冲刷作用,稳定性受到很大的威胁。为此,确定鱼骨坝的易毁部位,从而采用有效的防护措施,也值得进一步探讨。

2.3 软体排护滩

2.3.1 软体排类型

20世纪90年代以来,随着国民经济的快速发展,长江航道建设也出现新的发展机遇,针对较为严重的碍航水道开展了系统的整治工作,为了稳定有利的滩槽形势,采用一种新型的软体排整治建筑物护滩。软体排护滩建筑物主要适用于边滩坡度较缓的地方,一般坡度应缓于1:2.5,坡度较陡的地方容易产生滑排现象。

工程运用的土工织物软体排护滩,处于水位变动地区,工程周边有一定的冲刷变形,要求具有良好的柔韧性、抗冲性,而且要求能抵御紫外线的照射。实践中广泛运用的主要有以下几类:

(1)散体压载软体排

散体压载软体排(如土工布护底、块石压载等),结构简单,加工方便,主要用于水深较小(一般小于3m)、流速不大(一般小于1.5m/s)、河床变形较小的河段和变形不大的露水滩体。

(2)系结压载软体排

系结压载软体排是在土工织物上缝制加筋条,以提高排布的强度,然后按一定间距设系结条,排上压载物通过系结条连成整体,柔性好,能适宜河床起伏变化,包括:系沙袋压载软体排、混凝土块压载软体排(包括X型、D型系混凝土块软体排等)和CSB软体排。

(3)联锁块压载软体排

联锁块压载软体排是将压载块固定在土工织物软体排上,形成土工织物与混凝土块的混合排,包括:①混凝土连锁块软体排,具有整体性强、抗冲刷、施工进度快、护底和压载一次完成的优点,但造价较高,对施工机具有一定要求,混凝土联锁块软体排适用于水深、流急、风浪较大的河口、港口等地方;②混凝土块穿绳排;③CSB 块穿绳排。

2.3.2　软体排应用及研究现状

软体排护滩结构的主要特点是排体自身结构相对牢固,且可随滩面的变形在一定幅度内变形。该结构种类繁多,包括软体排(如土工布护底、块石压载等)、系结压载软体排(X 型系混凝土块软体排、系沙袋软体排)、连锁块压载软体排(混凝土连锁块软体排、混凝土块穿绳排、CSB 块穿绳排)和混凝土块铰链排。第一类压载与排垫完全分离;第二类压载排垫连结,压载体完全由排垫牵引;第三类压载体自身连接在一起,压载与排垫有所连接;第四类为混凝土块通过钢筋直接连接,下面不铺设排布。软体排固滩结构由于具有对滩面变形有一定的适应性、不影响行洪、造价低廉等诸多优点,因此,在航道整治工程中被广泛采用,水利部门在护岸工程中也有少量采用。

20 世纪 80 ~90 年代,软体排护滩结构主要应用于汉江中游襄利河段的航道整治工程中,采用的是单层聚丙烯编织布软体排、上面覆盖块石的结构形式,虽然当时起到了一定的作用,但是由于这种排体的排垫与压载体是分离的,压载块石易滚落,排体多有毁坏,所以总体效果不是很理想,现已不再采用。20 世纪 90 年代以来,长江航道整治进入快速发展期,软体排护滩结构在长江中下游航道整治工程中得到广泛采用[2]。经过十多年的实践,目前应用最广泛的是系结压载软体排,它是通过对处于河势条件较好且在演变周期中保持较为完整的洲滩施以稳定措施,以达到维持有利滩槽形态的整治目的。

系结压载软体排已在长江中游界牌水道、碾子湾水道、罗湖洲水道、长江下游东流水道以及长江航道清淤应急工程、长江沙市河段三八滩应急守护工程等多项大中型航道整治工程中采用。

(1)条状间断守护型

考虑到工程实施后护滩带周边可能会发生冲刷下沉,而守护的范围内仍维持原有的高程,原来较为平坦的滩面就会发生局部凸起,从而起到类似坝体的作用,因此,护滩带的布置参照丁坝间距进行,布置成条状间断守护型,主要适用于控制主流横向摆动,且滩体变形以侧蚀为主的边滩守护的河段。如长江中游界牌河段治理工程右岸丁坝高滩部分的护滩建筑物、长江中游碾子湾水道航道整治工程左右岸护滩带等,均采用此种布置形式。

(2)集中守护与间断守护结合型

对于心滩头部而言,一般情况下会受到水流的集中冲刷,且冲刷力度较其他地方而言要大,因此应采取集中守护的方式;对于心滩的中下部,一般情况下是以滩体的侧蚀为主,故可采取间断守护的方式。因此,对于心滩的守护,可以考虑头部集中守护与心滩中下部间断守护相结合的方式进行。如长江下游东流水道航道整治工程。

(3)整体守护型

对于较大的滩体处于强烈的漫滩水流和纵向水流的共同作用下的强冲刷状态时,单纯采用条状间断守护型,或者是间断守护与集中守护结合型都不足以起到保护滩体免遭破坏的作用,因此,需要采用整体守护的方式加大守护范围和守护力度,如长江中游三八滩应急守护工程(图 2.3-1)二期对三八滩进行守护,即是采取整体守护的方式进行的。

图 2.3-1　长江沙市三八滩集中守护型守护实景

从应用效果看,总体上是成功的,但也出现一些问题。主要是系结压载软体排受损或破坏的问题较为突出,直接影响整治效果并增加维护难度,令人对其稳定、可靠性有所担忧。软体排型护滩带的破坏部位一般位于排体上边缘、头部以及下游一侧,出现程度不一的冲刷坍陷、排布撕裂、排布暴露在外甚至排布悬空挂起来等现象。

2.4　其他形式护滩

近期航道整治中采用了一些减速促淤的结构形式,即为透水建筑结构,允许水流穿越坝体,导流能力较实体建筑物小,建筑物前冲刷坑或较浅、小,或不冲,甚至于有缓流落淤作用。目前长江航道整治中大量地采用了四面六边透水框架的结构形式。

四面六边透水框架是一种减速促淤的新型整治建筑物,自身稳定性好、透水,与传统护岸固滩技术相比,四面六边透水框架能有效地避免实体护岸固滩工程基础容易被淘刷而影响自身的稳定问题,且适应河床地形变化能力强,不需要地基处理,适合任何地形变化。透水框架群减速率可达 30% ~ 70%。四面六边透水框架群作为一种新型护岸固滩技术,通过落淤造滩,达到护岸固滩的目的,减速落淤效果十分明显,便于工厂化大批量生产,施工简单,成本低,是一种值得大力推广的护岸固滩新技术。图 2.4-1 和图 2.4-2 分别为在护滩带的前缘抛投透水框架和未抛投透水框架两种不同工况下的河床变形情况,从图中可明显看出,在护滩带的前缘抛投透水框架后,护滩带边缘河床不仅没有产生冲刷,反而产生了淤积,而在护滩带的前缘未抛投透水框架时,护滩带前缘河床发生严重的局部冲刷现象,从而使护滩带工程由边缘逐渐向内部产生破坏现象。

图 2.4-1　在护滩带的前缘抛投透水框架后河床形成的缓坡

图 2.4-2　在护滩带的前缘没有抛投透水框架河床形成的陡坡

另外还有一些透水结构应用于小型河流中，主要有桩坝、杩槎、沉树、编篱、植树等。

(1)桩坝

桩坝是一种较常用的透水建筑物，可由单排桩或数排桩组成。最早在缓流浅水处使用木桩坝，有缓流落淤效果。垂直桩坝的桩，打入河底部分占桩长的 2/3，桩的上部以横梁联系。斜桩坝以 3 根桩为一群，上部用竹缆或铅丝绑扎在一起，排间连以纵横连木，基础可用沉排保护或在桩式坝内填石料保护。桩坝现已发展用钢筋混凝土桩坝，用水冲钻或震动打桩机打桩，桩长及桩入土深度均可增加，由于抗冲能力大，可用于河道主流区。

(2)杩槎

杩槎是我国古代劳动人民发明的一种河道整治建筑物，一般用 6 根杆件扎成六棱锥形式(杆件可为竹木料、钢材、钢筋混凝土等，见图 2.4-3)。对于竹木类杩槎，内压以重物(如石块或柳石、沙包等)，排列沉于河底修筑成透水(也可不透水)的杩槎坝，可作丁坝、顺坝、锁坝等，适用于砂卵石河床且水深较浅处。中国岷江在古代就使用杩槎截流引水灌溉，后来广泛用于修建截流、导流、分流工程。

图 2.4-3　杩槎用于鱼嘴分水堤

(3)沉树

沉树是指用石块等重物系于树干上，沉至河底，作成透水建筑物，利用树冠上的枝梢，缓流防冲。沉树分立式、卧式、立卧结合、串联式等。中国黄河常用挂柳的办法，即将树干用绳系在河岸木桩上，树冠枝梢挂重物压沉岸边，用来防御水流对岸、滩的冲刷或防止风浪的拍击，效果较好。

(4)编篱

编篱在河底上打入一排或数排木桩，用柳枝、柳把或篾把编在木桩上，形似篱笆，构成透水坝。有单排编篱、双排编篱或多排编篱透水的丁坝、顺坝、锁坝，主要适用于中、小河流，流速较小的中水、枯水河槽的整治。

(5)植树

在堤岸前滩地上种植护岸林带(其宽度以不影响行洪为原则)，对防御风浪拍击堤岸有明显作用。在堤根洼地、河滩串沟做活柳桩(将柳树的根部种植于土中)坝，也可缓流落淤，加固淤高滩面。

透水整治建筑物结构除了钢筋混凝土四面六边透水框架群和生物植被防护建筑物外，其他结构形式的建筑物(如竹木杩杈、挂柳、编篱等)均易于腐烂冲毁，维护工程量大，一般为临时性措施。

第 3 章 护滩水沙运动及破坏机理

3.1 模型设计及试验内容

3.1.1 模型设计

(1)边滩模型设计

统计长江中下游重点水道边滩的特征参数(表 1.1-1),可知,边滩形态以顺直边滩居多,滩体长宽比变化较大,为 1.5 ~ 12.8,边滩引起的河宽压缩比为 0.12 ~ 0.51,滩体一般伴随深槽,深槽边坡较陡,而滩体坡度平缓。考虑到边滩原体尺度较大,概化模型主要根据边滩的形态特征进行概化模拟。同时,在概化试验中,需要考虑试验的水流条件、滩体的可动性与长江中游河段具有一定的可比性,采用平面与垂直比尺为 $\alpha_L = \alpha_H = 60$ 的正态设计。

概化模型采用长 35m、宽 4m、底坡为 0.5% 的水槽(图 3.1-1),考虑滩体的不同形态,宽度按边滩压缩比 20%、30%、45% 控制,长度按长宽比 5:1、6:1、8:1 控制,可结合边滩上沿的迎流角度变化,滩体高度 15cm。

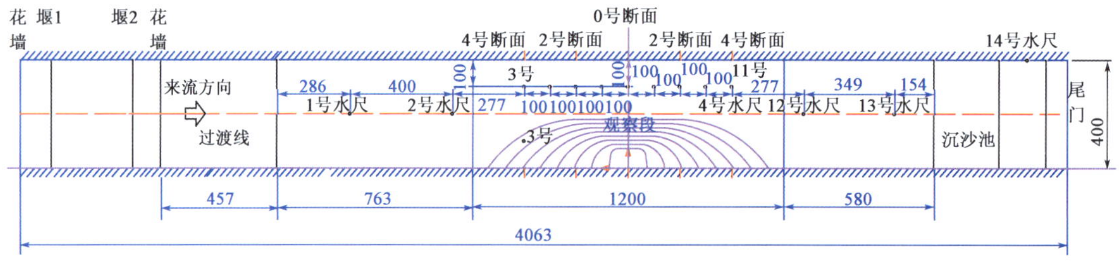

图 3.1-1 水槽平面布置图(尺寸单位:cm)

动床模型主要按推移质泥沙起动相似进行设计,河床质泥沙采用 $r_s = 1.15\mathrm{t/m^3}$、$d_{50} = 0.14\mathrm{mm}$的木屑进行模拟,采用重庆交通大学研制的护滩带、四面透水框架作为护滩建筑物,基本满足各项相似性要求。

(2)心滩模型设计

统计长江中下游河道部分心滩的基本特征参数(表 1.2-1),可知,心滩所在河道的河宽变化率为 1.27 ~2.54,滩体引起的河宽收缩比为 0.07 ~0.58,滩体长宽比为 2.6 ~7.5,太平口水道的三八滩平面形态各参数具有一定的代表性,概化模型以三八滩的平面形态作为基础。

根据三八滩历年平面形态变化,进行了心滩形态参数(河宽收缩比、滩体长宽比、滩头迎流角度、左右汊断面面积比等参数)的概化,并依据实测地形资料,对各滩体进行了滩槽概化,部分概化滩体如图 3.1-2 所示。

考虑试验中的河道宽深比与长江中下游河道形态基本相似，试验结果具有一定的可比性，拟采用平面比尺 400、垂直比尺 60 进行模拟，按相应比尺制作了长 44m、最宽处 5.7m 的微弯藕节状心滩概化模型。

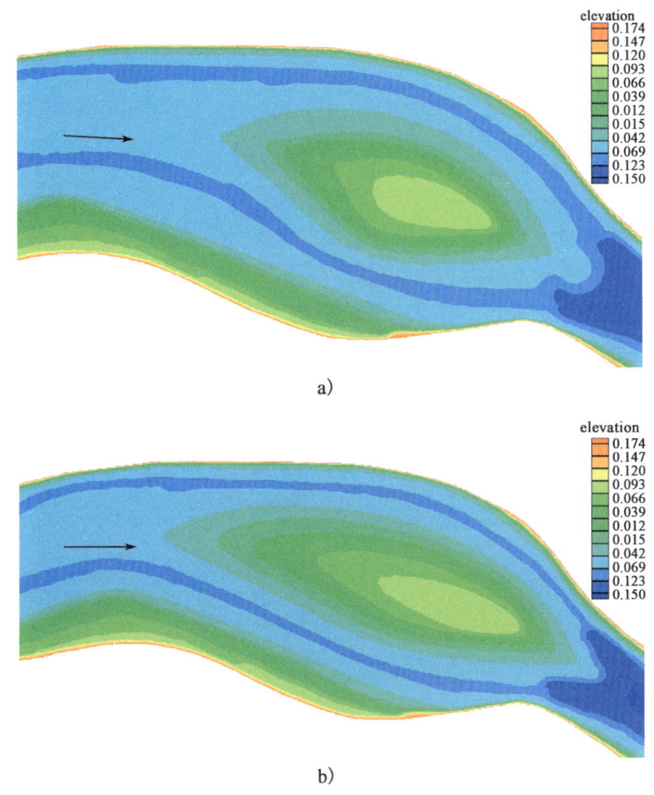

图 3.1-2　概化滩体示意图

动床模型主要按推移质泥沙起动相似进行设计，河床质泥沙采用 $\gamma_s = 1.15\text{t/m}^3$、$d_{50} = 0.8\text{mm}$的木屑进行模拟，并制作了软体排护滩带、四面透水框架、鱼骨状抛石坝等护滩建筑物，基本满足各项相似性要求。

3.1.2　试验研究内容

通过水槽概化模型的定、动床试验，研究边滩和心滩滩面的水沙运动特性、天然条件下以及不同护滩措施条件下的冲淤变化特点、护滩建筑物的破坏机理等。重点试验研究和分析的问题如下：

(1)研究不同边滩形态(不同边滩长宽比、压缩比)及不同来流条件下，边滩河段水位、纵横向断面流速、纵横向比降及推移质泥沙输移路线的变化特点，定性地揭示边滩河段的水沙特性。

(2)研究边滩在不同水流条件(不同流速、水深)、不同边滩形态(长宽比、压缩比)，在无护滩建筑物防护及有护滩建筑物(护滩带、四面透水框架)重点或间隔防护下的边滩冲淤特性。

(3)研究心滩河段的水位、流速、比降等水力要素的沿程与沿横断面变化规律，以及不同水流条件、心滩形态特征参数对水力要素的影响，揭示心滩河段的水力特性。

(4)研究心滩河段守护前后的滩槽冲淤特性，得到心滩冲刷变形与水力要素、滩体形态、护滩建筑物形式等因素之间的相互关系，提出了护滩建筑物损毁机理。

3.2 水沙输移特性

3.2.1 边滩水沙输移特性

1)水位变化

(1)纵向比降

边滩上游的水位受滩体影响而水位壅高，临近滩体水位沿程缓缓降低；随着水流行近，受滩体压缩影响，水位明显降低；滩体下游水位逐渐回升，出现水面倒比降，随后水位平缓下降，逐渐恢复到原来状态。淹没与非淹没情况下两侧水位变化基本一致。

如图3.2-1、图3.2-2所示，不管滩体淹没与否，纵比降随着滩体压缩比的增加而加大，流速越大，纵比降加大越明显；靠近滩体侧纵比降较深槽侧大，流速越大，滩体侧和深槽侧纵比降相差也越大。

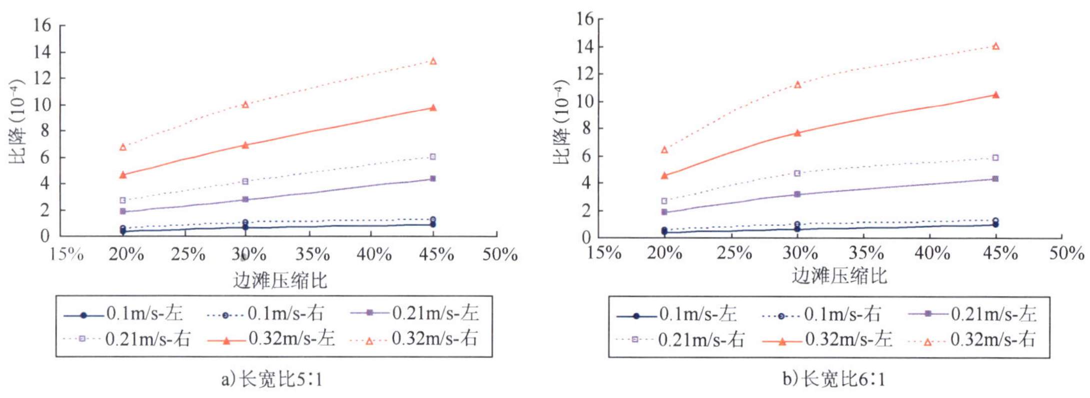

图3.2-1 不同长宽比纵比降随边滩压缩比变化(非淹没)

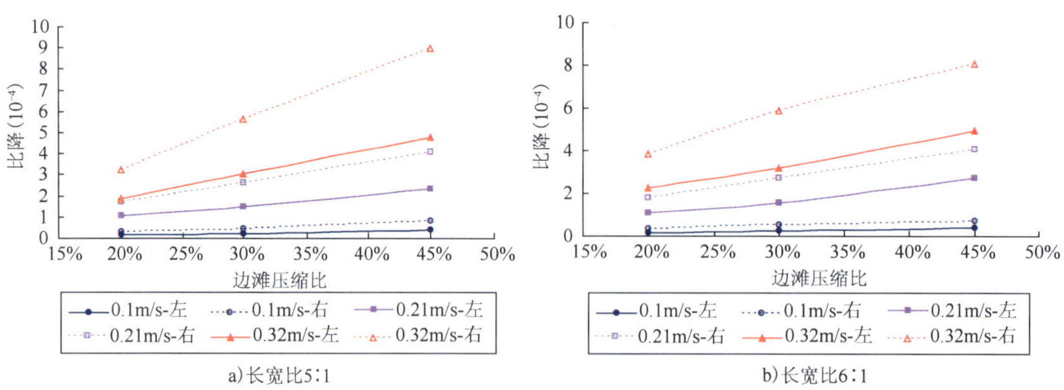

图3.2-2 不同长宽比纵比降随边滩压缩比变化(淹没)

滩体上游头部至滩体中心线处纵比降随长宽比变化见图 3.2-3、图 3.2-4，不管滩体淹没与否，靠近滩体侧的纵比降随着滩体长宽比的增加而减小，流速较大时，纵比降减小较明显，而远离滩体侧的纵比降随长宽比变化不甚明显。

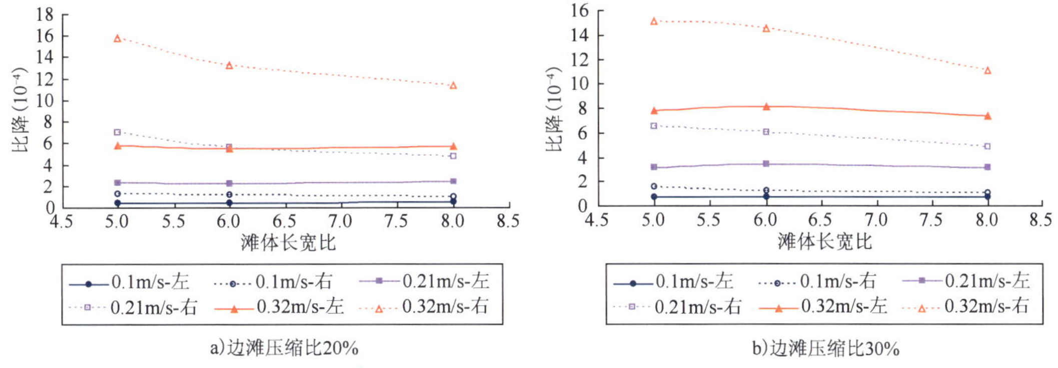

a)边滩压缩比20%　　b)边滩压缩比30%

图 3.2-3　不同边滩压缩比纵比降随长宽比变化(非淹没)

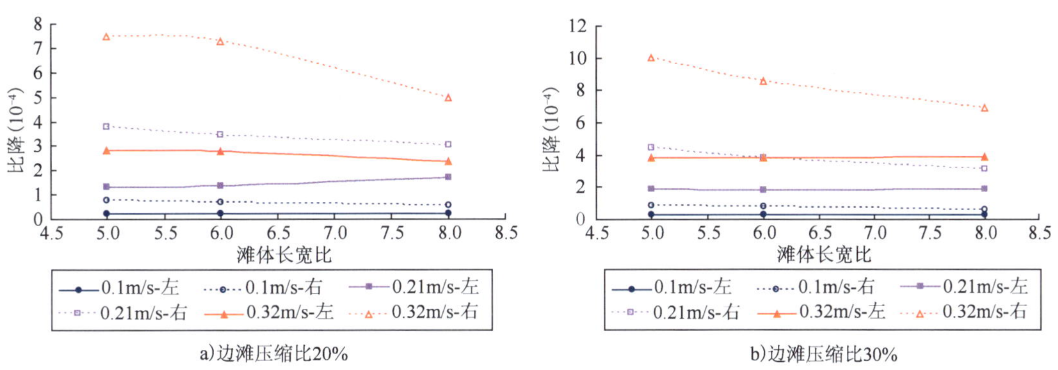

a)边滩压缩比20%　　b)边滩压缩比30%

图 3.2-4　不同边滩压缩比纵比降随长宽比变化(淹没)

(2)横向比降

非淹没情况时，靠近滩体侧水位变化较滩体对面明显，边滩中上段滩体一侧水位明显高于滩体对面，流速越大，横向水位变化越明显，边滩压缩比较大时，横向水位变化也较大；边滩中下段滩体一侧出现回流，水位明显低于滩体对面，流速越大，横向水位变化也越明显。淹没情况时，横向水位变化趋势跟非淹没情况类似，但变化幅度相对较小。

断面横比降随边滩压缩比的变化见图 3.2-5、图 3.2-6，滩体非淹没时，横比降随压缩比增加先降低后有所增加，上下游侧横比降方向相反；滩体淹没时，横比降一般随压缩比增加而减小，一般压缩比较大时，才出现上下游横比降相反方向；不管滩体淹没与否，流速越大，横比降也越大。

(3)水位等值线

滩体附近水位分布较为复杂，非淹没时滩体上游水位壅高，但迎流滩角挑流明显，流速较大，水位较低，滩后水位缓慢回升；一般流速越大，或边滩压缩比越大，滩体对水流的压缩作用越明显，滩体附近流速较大，水位较低。淹没时滩顶水浅流急，水位较低，上下游水位较高。水位等值线如图 3.2-7、图 3.2-8 所示。

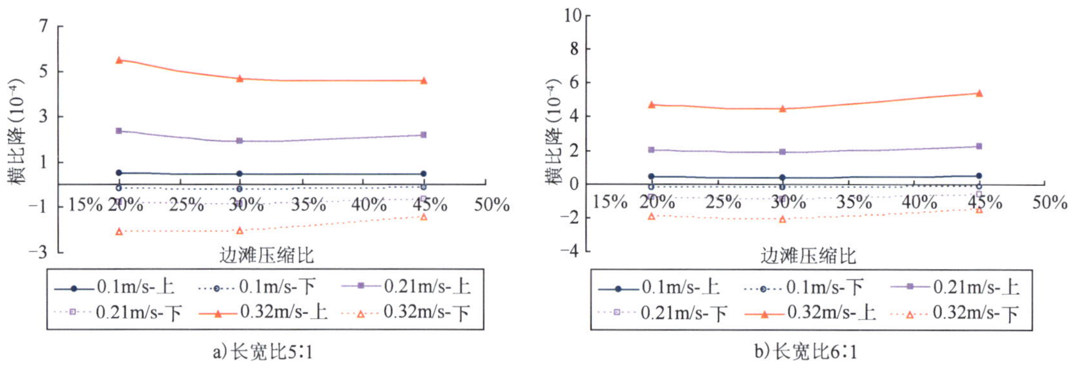

a)长宽比5:1　　b)长宽比6:1

图 3.2-5　不同长宽比横比降随边滩压缩比变化(非淹没)

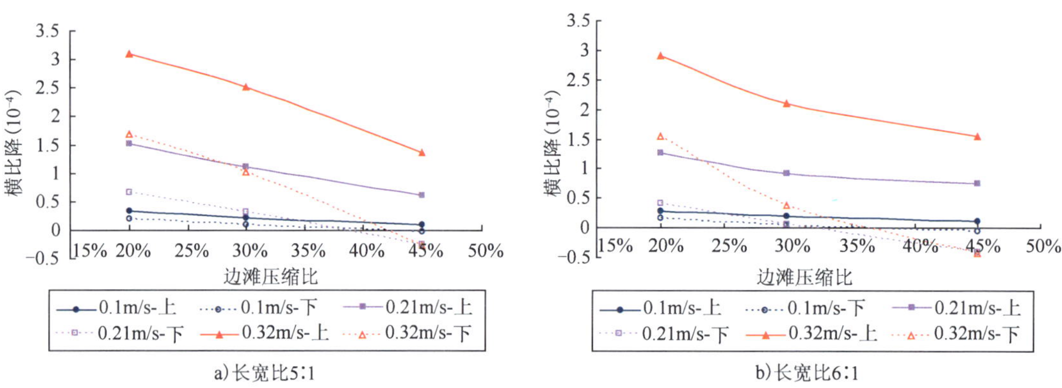

a)长宽比5:1　　b)长宽比6:1

图 3.2-6　不同长宽比横比降随边滩压缩比变化(淹没)

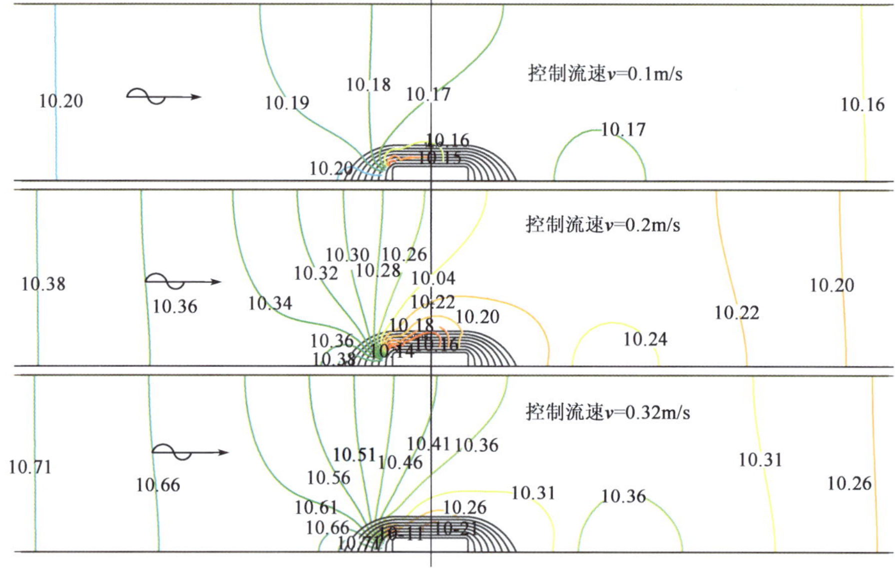

图 3.2-7　非淹没条件下水位等值线(单位:cm)

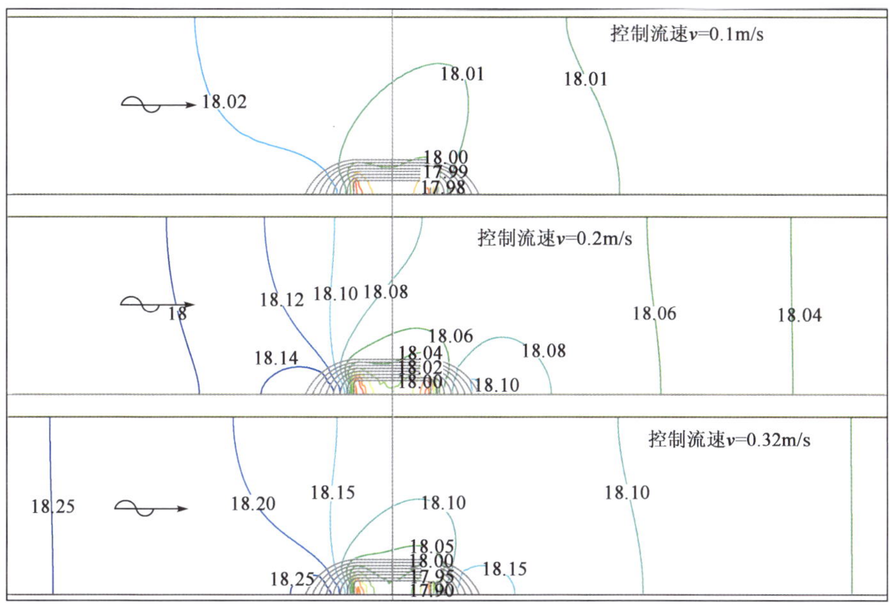

图3.2-8 淹没条件下水位等值线(单位:cm)

2)流速分布

(1)纵向流速分布

图3.2-9、图3.2-10为水槽中心线处不同滩体长宽比纵向流速分布随边滩压缩比的关系图,淹没与非淹没情况下纵向流速变化基本一致。水流行进滩体时,受滩体挤压影响流速快速增大,在滩体中下游侧受滩体影响最大,流速达到峰值,而后受滩体挤压影响逐渐减小,流速也逐渐减小,最终在离开滩体的下游一定距离趋于平稳,平稳流速值较滩体上游流速大。对流速梯度而言,位于流速峰值的滩体上游段明显大于对应下游段,滩体附近流速梯度及流速大小随流速的增加而加大。

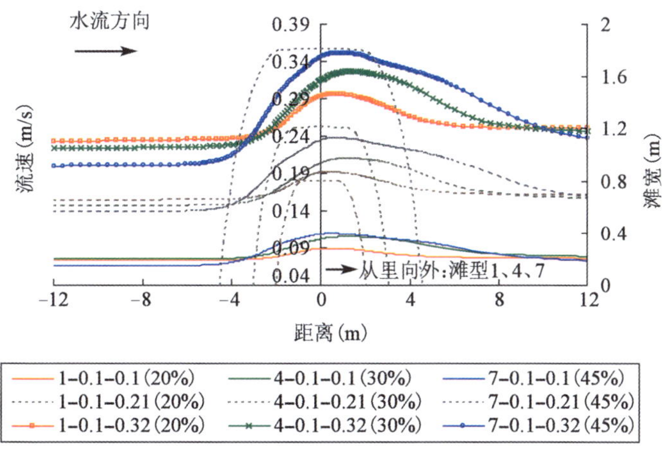

a)长宽比5∶1,压缩比影响

图 3.2-9

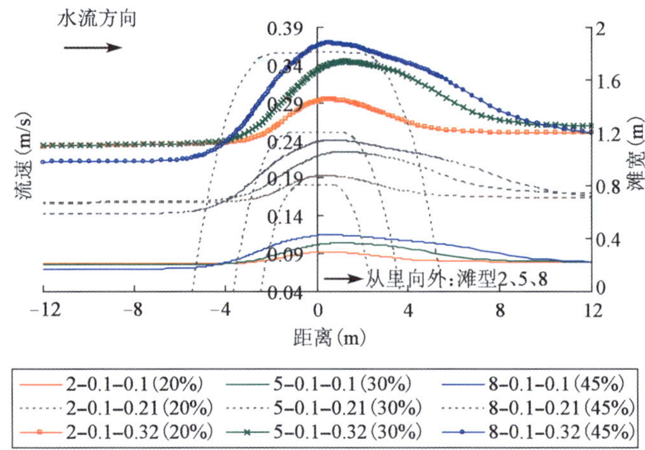

b)长宽比6∶1,压缩比影响

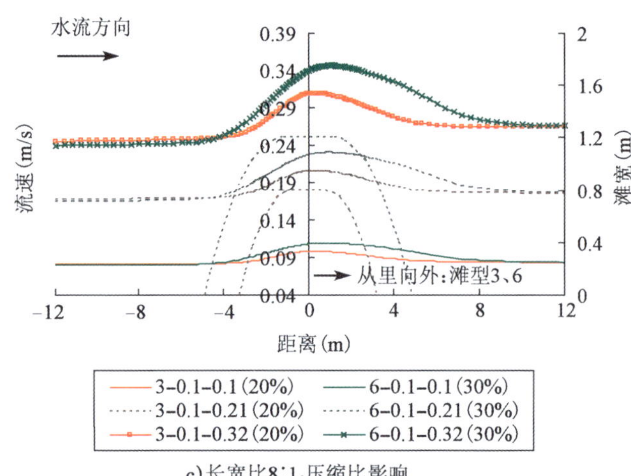

c)长宽比8∶1,压缩比影响

图 3.2-9 不同长宽比水槽中心纵向流速分布随边滩压缩比变化(非淹没)

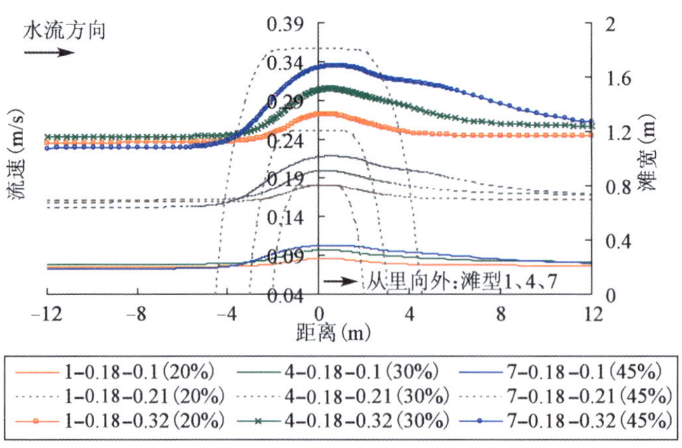

a)长宽比5∶1,压缩比影响

图 3.2-10

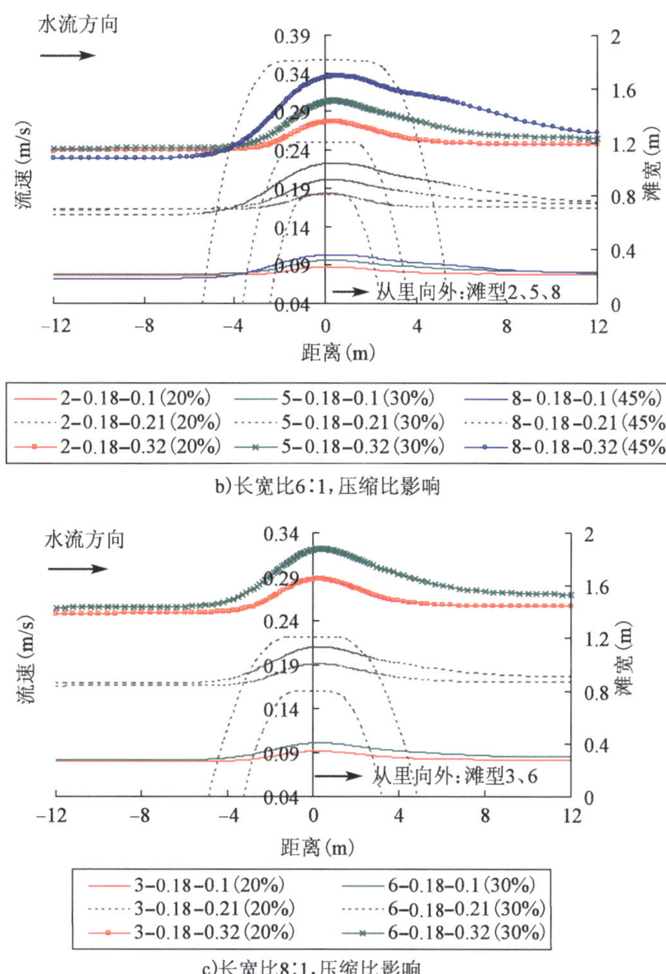

b)长宽比6∶1,压缩比影响

c)长宽比8∶1,压缩比影响

图3.2-10　不同长宽比水槽中心纵向流速分布随边滩压缩比变化(淹没)

相同滩体长宽比及水流条件下,滩体压缩比越大,造成滩体上、下游流速越小(上游流速减小较下游明显),滩体内流速越大,滩体附近流速梯度也越大。随着流速的增加流速变化越明显。

图3.2-11为水槽中心线处滩体4(压缩比30%、长宽比5∶1)纵向流速分布随水深变化的关系图。可见,滩体淹没时,滩体上下游一定范围内流速增加,而受滩体影响的滩体内流速则减小,流速峰值位置靠向滩体中心,流速梯度减小。随着流速的增大,这种现象也越明显。

图3.2-12、图3.2-13为水槽中心线处不同滩体压缩比纵向流速分布随长宽比的关系图。可见,相同滩体压缩比及水流条件下,长宽比越大,水流受滩体挤压影响的范围加大,使得滩体及其上下游流速也加大,滩体附近流速梯度随流速的增加而变大。

(2)横断面流速分布

图3.2-14、图3.2-15为滩体中心线断面处不同滩体长宽比横断面流速分布随边滩压缩比的关系图,淹没与非淹没情况下横断面流速变化趋势基本一致。滩体附近流速分布复杂,水流受滩体挤压影响,滩体坡面流速快速增加,在滩脚附近流速达到峰值,而后,流速缓慢减小并趋于平稳。流速越大,滩体附近流速越大,流速梯度也越大。

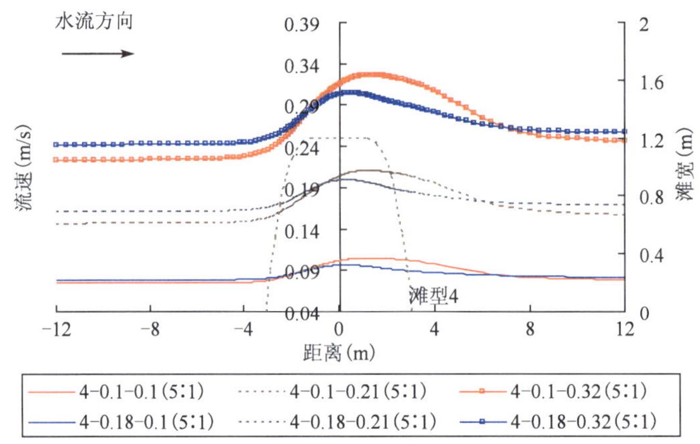

图3.2-11　滩体淹没与否时水槽中心纵向流速分布变化(压缩比30%、长宽比5∶1)

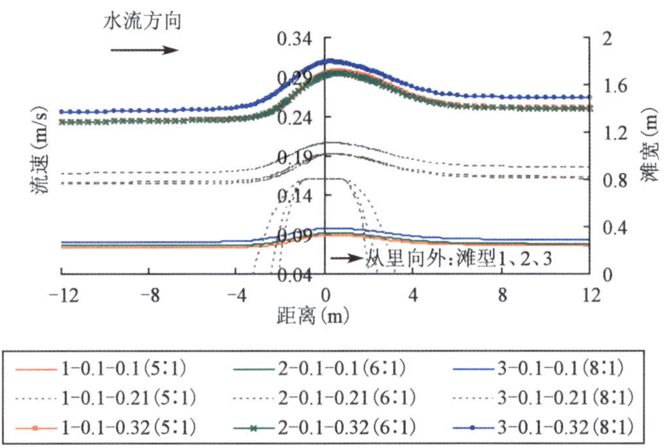

a)压缩比20%,长宽比影响

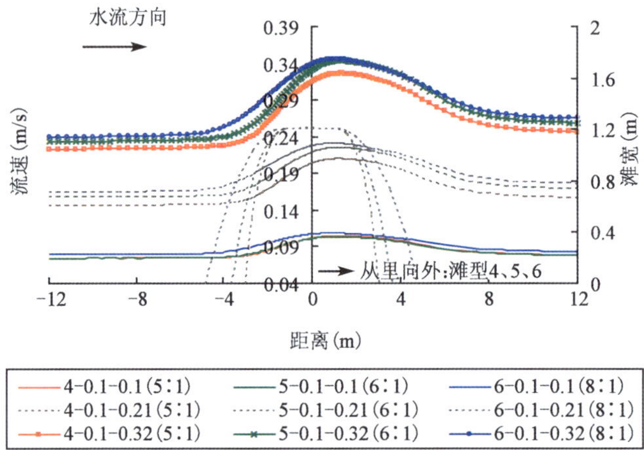

b)压缩比30%,长宽比影响

图　3.2-12

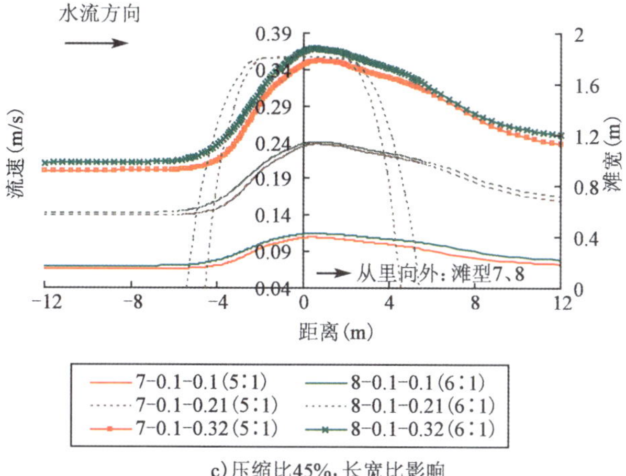

c)压缩比45%，长宽比影响

图 3.2-12　不同边滩压缩比水槽中心纵向流速分布随长宽比变化(非淹没)

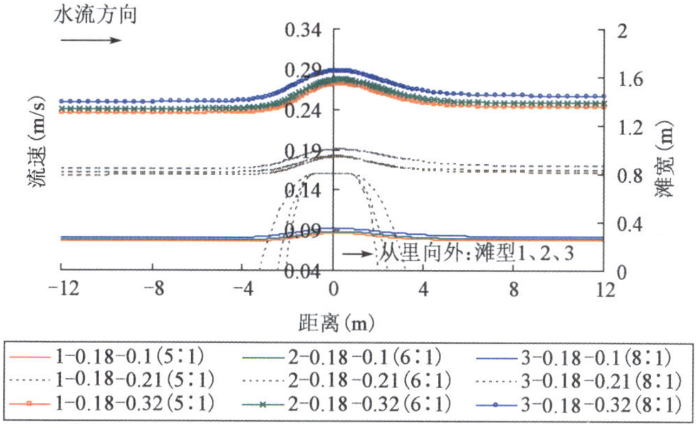

a)压缩比20%，长宽比影响

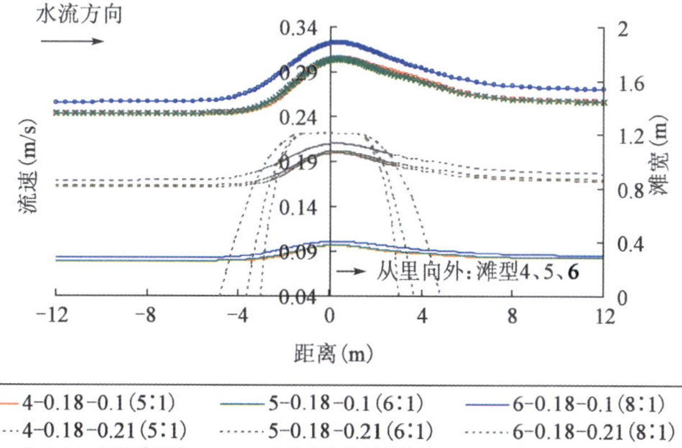

b)压缩比30%，长宽比影响

图　3.2-13

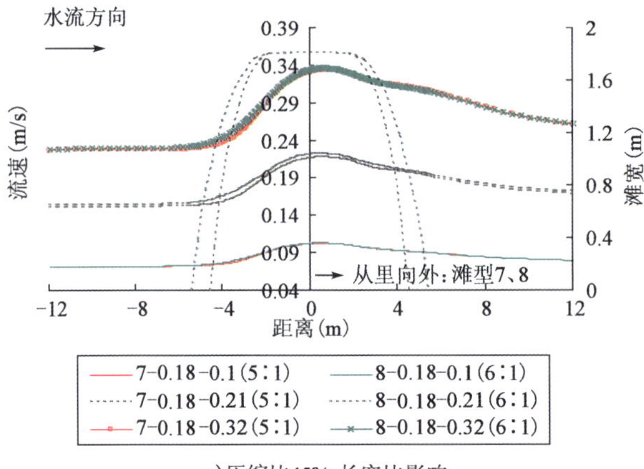

c)压缩比45%,长宽比影响

图3.2-13 不同边滩压缩比水槽中心纵向流速分布随长宽比变化(淹没)

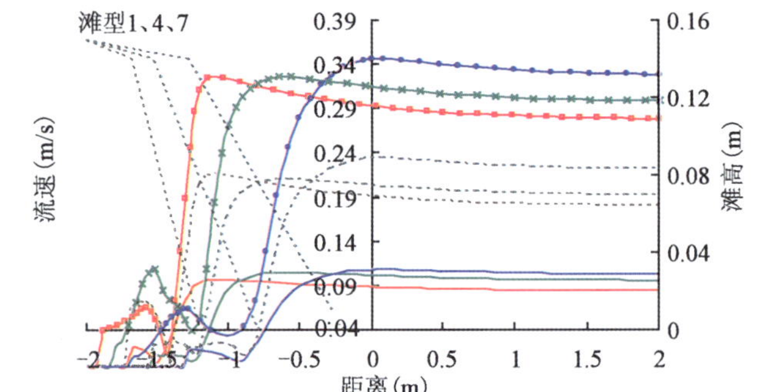

a)长宽比5∶1,压缩比影响

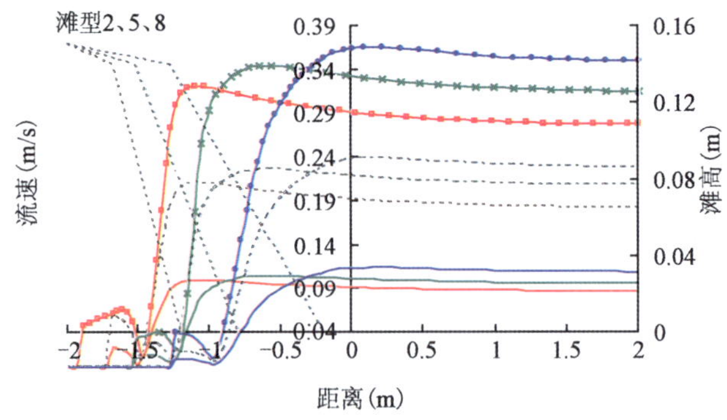

b)长宽比6∶1,压缩比影响

图 3.2-14

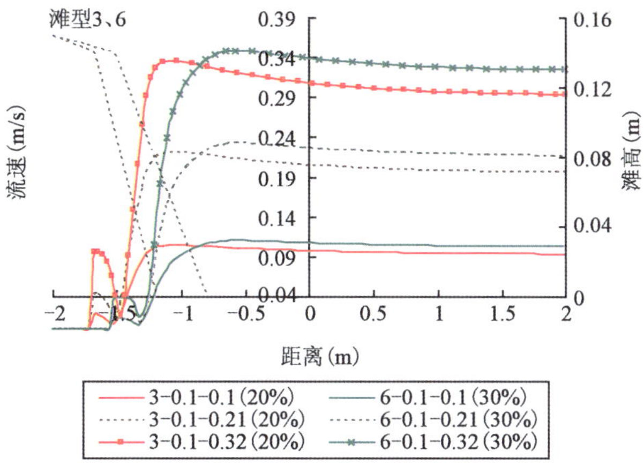

c)长宽比8∶1,压缩比影响

图 3.2-14　不同长宽比边滩中心横断面流速分布随边滩压缩比变化(非淹没)

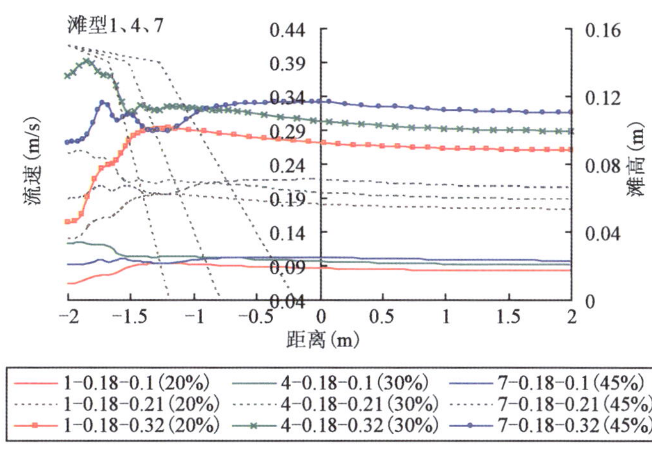

a)长宽比5∶1,压缩比影响

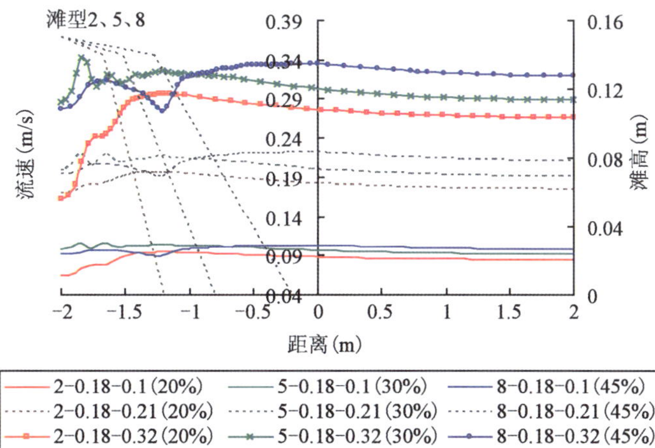

b)长宽比6∶1,压缩比影响

图　3.2-15

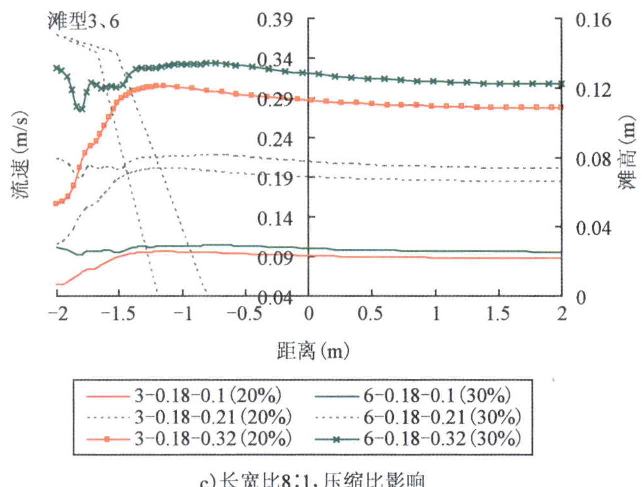

c)长宽比8∶1,压缩比影响

图 3.2-15　不同长宽比边滩中心横断面流速分布随边滩压缩比变化(淹没)

相同滩体长宽比、水流条件下,滩体压缩比越大,水流受滩体挤压程度越大,滩体附近流速越大。

图 3.2-16 为滩体中心线断面处滩体 4(压缩比 30%、长宽比 5∶1)横断面流速分布随水深变化的关系图。由图可见,滩体淹没时,滩顶流速较大,为整个断面的流速峰值区,滩体坡面附近流速梯度大幅减小,横断面流速分布较均匀,边滩对岸水流受滩体挤压程度减小,流速也相应减小。随着流速的增大,流速变化也越明显。

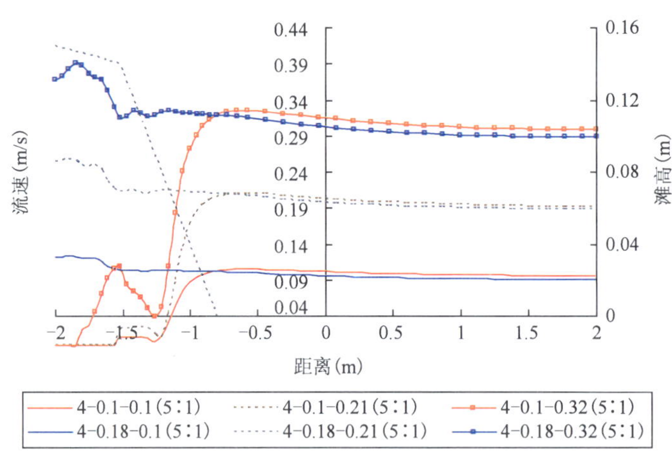

图 3.2-16　滩体淹没与否时边滩中心横断面流速分布随水深变化
(压缩比 30%、长宽比 5∶1)

图 3.2-17、图 3.2-18 为滩体中心线断面处不同边滩压缩比横断面流速分布随滩体长宽比的关系图。由图可见,相同边滩压缩比、水流条件下,滩体长宽比越大,滩体附近水流受滩体挤压越明显,流速也越大;随着流速的增大,这种变化越显著。

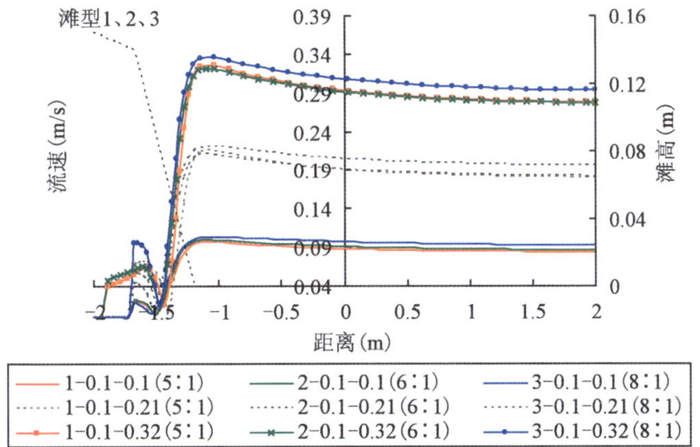

a)压缩比20%，长宽比影响

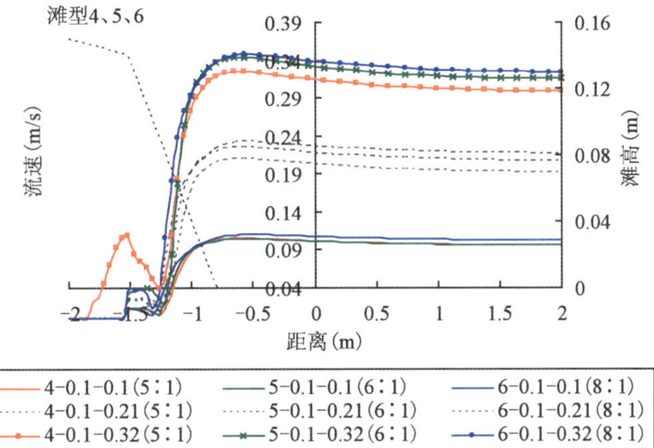

b)压缩比30%，长宽比影响

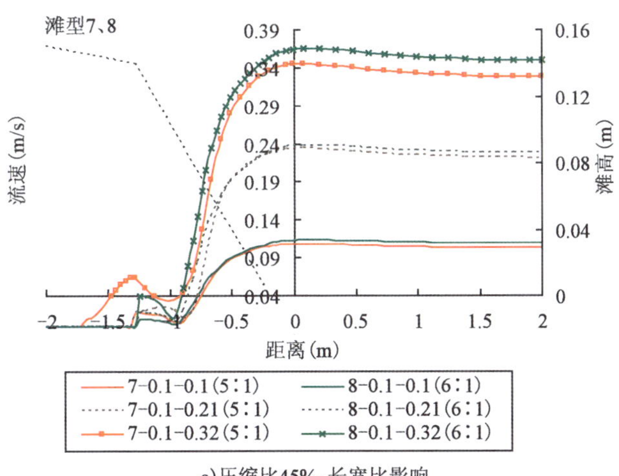

c)压缩比45%，长宽比影响

图 3.2-17　不同边滩压缩比边滩中心横断面流速分布随长宽比变化(非淹没)

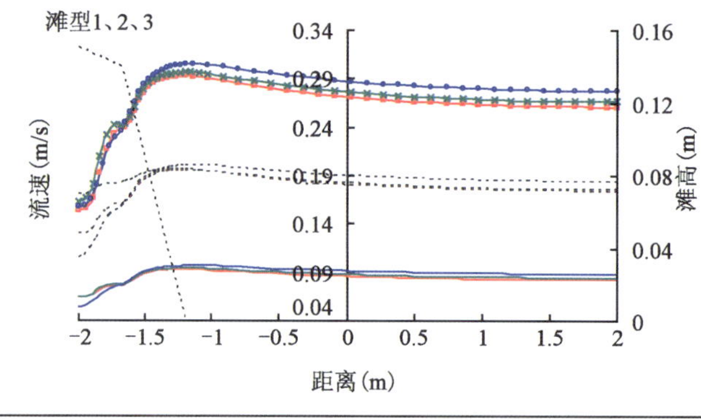

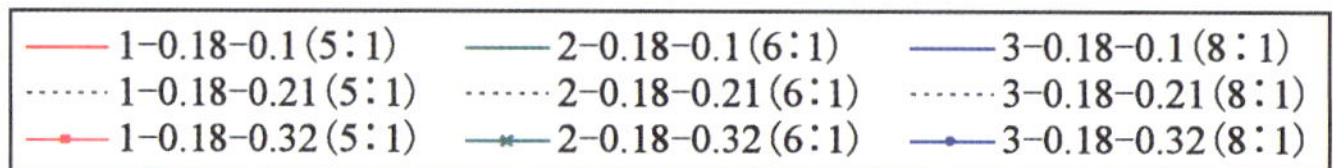

a)压缩比20%，长宽比影响

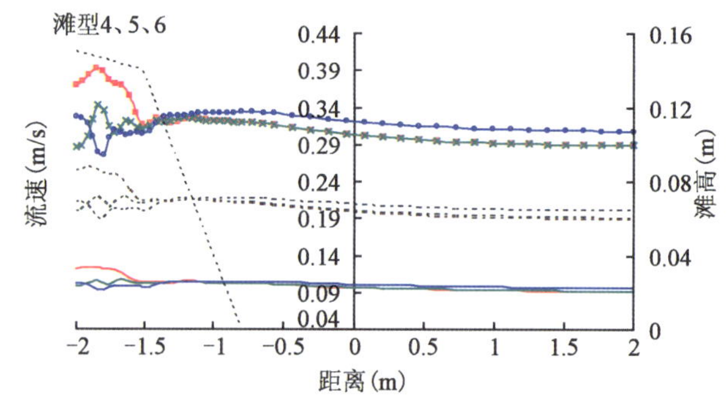

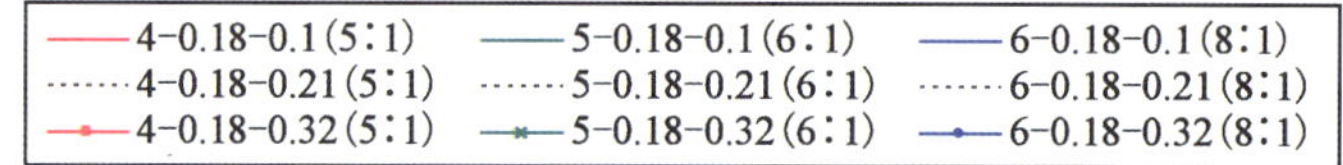

b)压缩比30%，长宽比影响

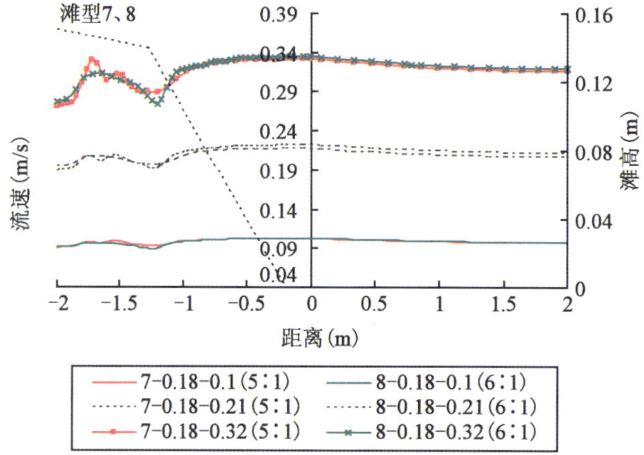

c)压缩比45%，长宽比影响

图3.2-18　不同边滩压缩比边滩中心横断面流速分布随长宽比变化(淹没)

(3)流速等值线

非淹没情况时,压缩比较小时,流速高值区出现在滩体迎流面与顺直段交界处,随着滩体压缩比的增大,流速高值区逐渐向滩体中下游移动。滩体上下游流速相对较小,滩体下游受掩护作用,形成流速低值区。流速等值线如图 3.2-19、图 3.2-20 所示。

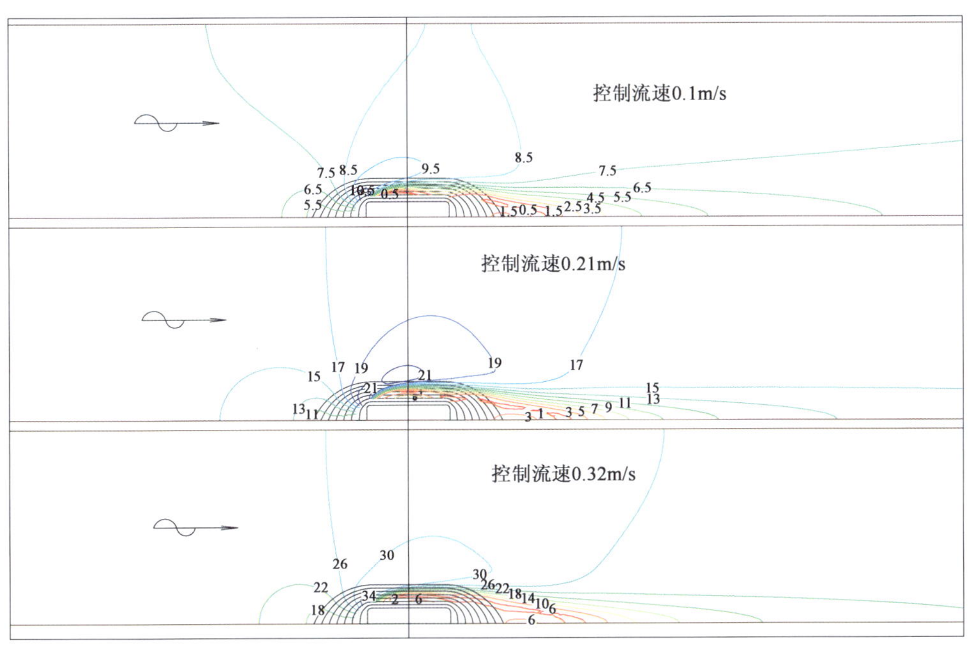

图 3.2-19 非淹没条件下滩体附近流速等值线(单位:cm/s)

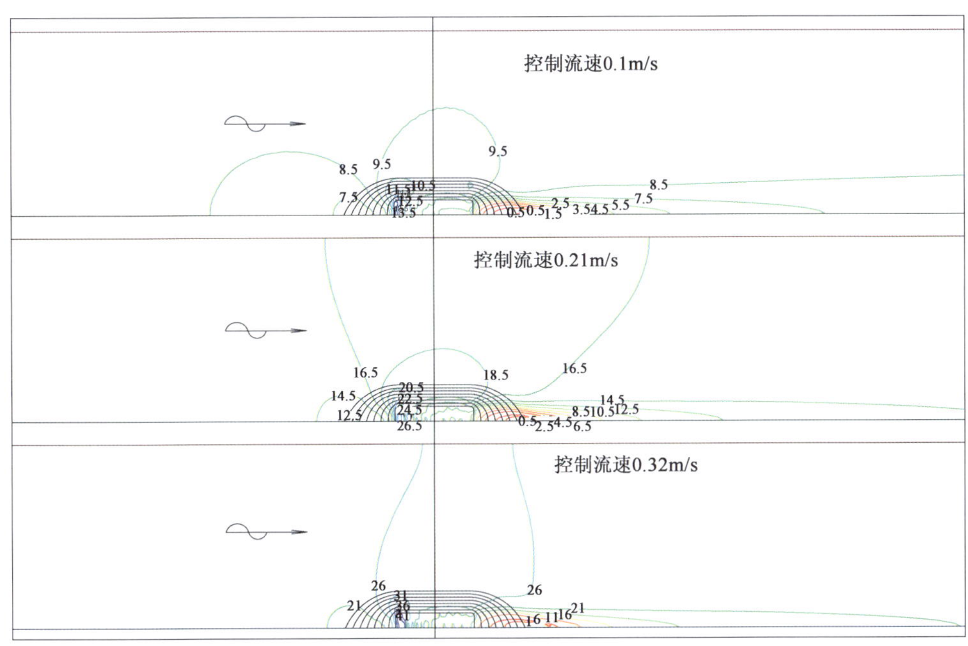

图 3.2-20 淹没条件下滩体附近流速等值线(单位:cm/s)

淹没情况时，滩体顺直段处于流速高值区，最大值区出现在滩体顶部。滩体上下游流速相对较小，滩体下游受掩护作用，形成流速低值区。

图 3.2-21 为滩型 8（压缩比 45%、长宽比 6∶1）在流速为 0.32m/s 时的水位等值线与流速等值线间的关系图，可见，水位低值区对应的是流速高值区。

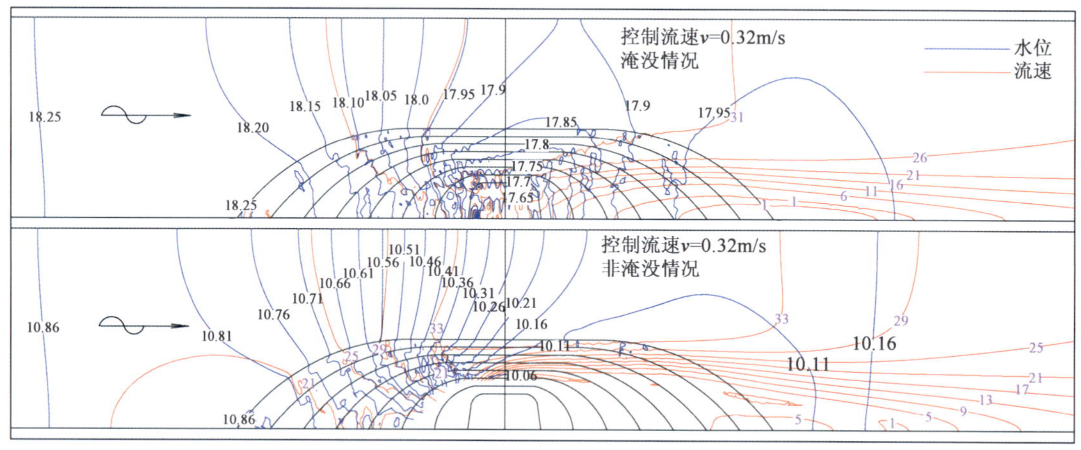

图 3.2-21　水位、流速等值线间关系（滩型 8，流速 0.32m/s）

3）泥沙输移线路

在水槽上游沿断面均匀加沙，观测泥沙在滩体附近的输移路线（图 3.2-22）。

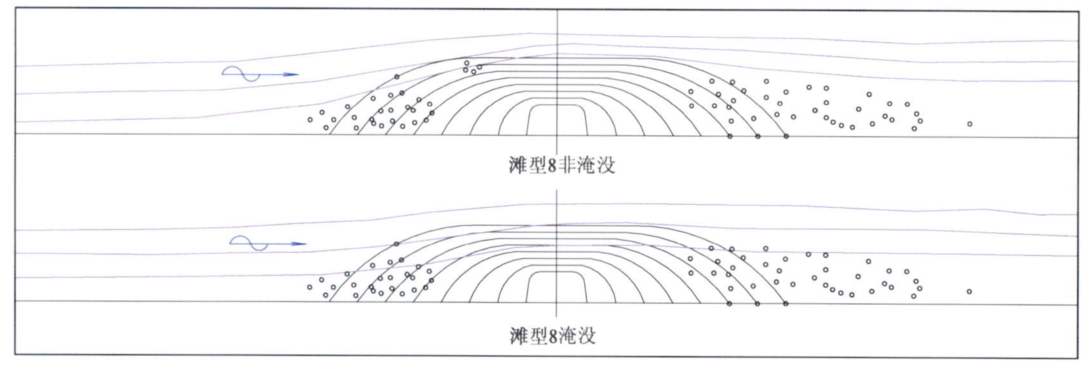

图 3.2-22　滩型 8 泥沙输移线路

非淹没情况下，上游泥沙向下输移接近滩体时，受环流影响，泥沙绕滩体侧呈带状下行。由流速等值线及流场可知，滩体侧上游部位受滩体顶托，流速较小，下行泥沙在此落淤，在边滩顺直段靠滩体侧出现回流，部分泥沙落淤；滩体侧下游部位则受滩体掩护出现回流，水流紊动，出现一系列漩涡，流速较小，沿滩体向下游输移的泥沙被挟带至此而淤积。

淹没情况下，水流上滩，泥沙输移带靠近滩体更高部位，滩体附近泥沙输移较非淹没时分散。由流速等值线及流场可知，滩体侧上下游部位仍为低流速区，泥沙落淤。

3.2.2　心滩水沙输移特性

1）水位变化

（1）纵向比降

微弯藕节状心滩河段的上下游收缩段水位沿程逐渐减小（图 3.2-23），心滩所在放宽段的进口受心滩阻水影响，水位有所壅高，但因河道逐渐放宽，水流分散，水位变化较为平缓；水流至滩面时，受滩体压缩，断面过水面积减小，流速增加，为保持水体能量守恒，动能的增加转变为势能的减小，使得滩面水位跌落，在滩顶尾部达到谷值，该处水浅流急，比降大，之后受下游河段河宽收缩阻水影响，水位快速壅高，最后进入下游收缩河段，水位逐渐恢复正常。

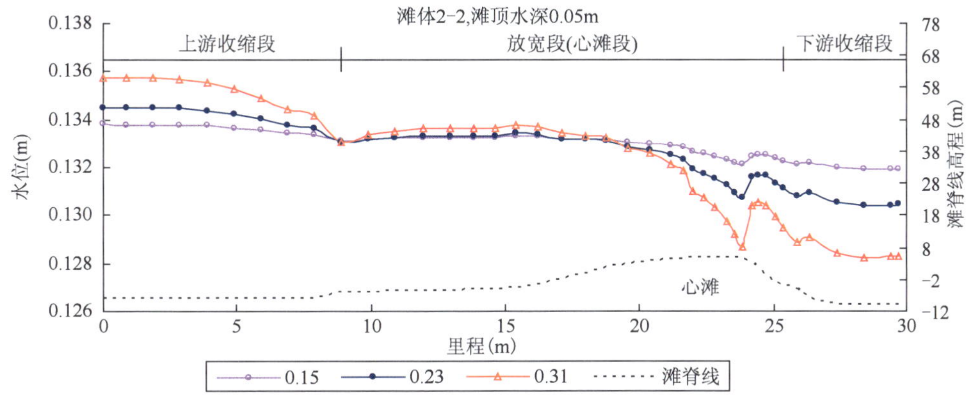

图 3.2-23　沿滩脊线水位变化(滩顶水深 0.05m，控制流速不同)

受弯道环流及河心心滩体影响，心滩左侧(凹岸)水位高于右侧(凸岸)水位(图 3.2-24)，两侧水位差在弯顶附近及滩尾收缩段附近较大。通常情况下心滩淹没于水中，此时一般为中洪水期，主流趋直，心滩河段凹岸侧水位变化则较为平缓，凸岸侧水位变化则较为显著。

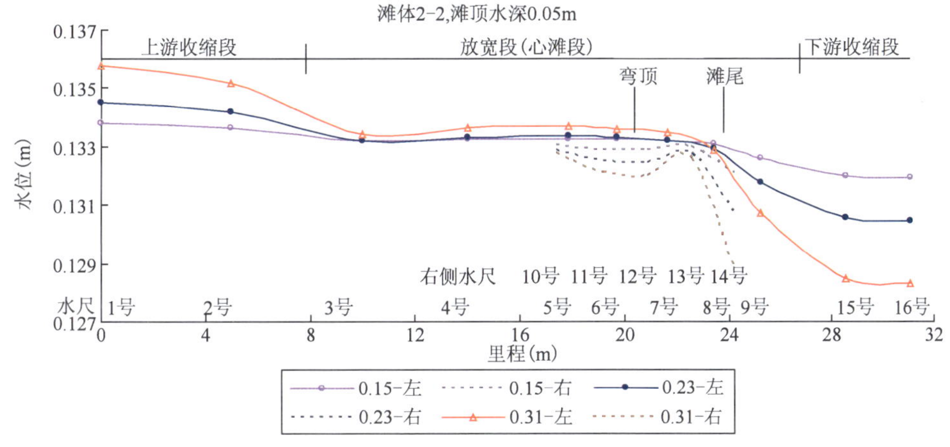

图 3.2-24　心滩两侧水位变化(滩顶水深 0.05m，控制流速不同)

心滩上游收缩河段因河宽逐渐缩窄，比降沿程逐渐增加，进入心滩段后，因河道展宽、心滩阻水，比降沿程变化平缓，随着水流行进心滩体，受滩面压缩水位跌落，比降沿程增加，在滩顶尾部比降达到峰值，之后受下游收缩段阻水影响，水位迅速壅高，出现倒比降，其量值为整个心滩段比降的最大值。可见滩顶附近是整个滩面比降变化最复杂的区域，也是出现最大正负比降的区段。

流速越大，滩面比降量值越大，比降沿程变化越明显(图 3.2-25)；心滩淹没时，滩面比降随滩顶水深变化不大(图 3.2-26)。可见，流速大小对滩面比降起主导作用，而水深变化对滩面比降影响不大。

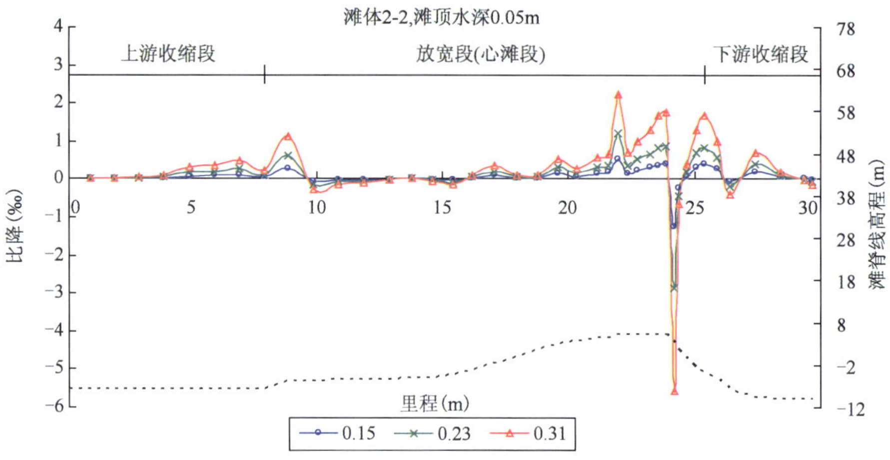

图 3.2-25　滩体 2-2 沿滩脊线比降随控制流速变化

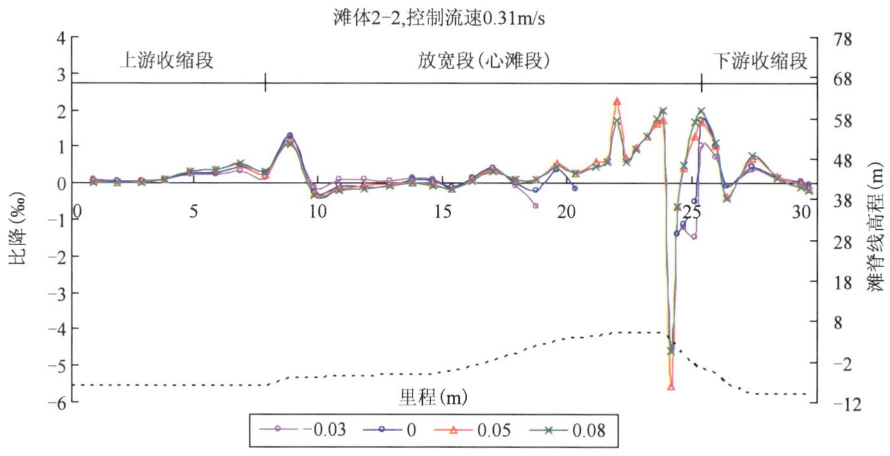

图 3.2-26　滩体 2-2 沿滩脊线比降随滩顶水深变化

滩面纵比降随滩顶水深、控制流速、迎流角、左右汊断面面积比的变化见图 3.2-27、图 3.2-28。可见,滩尾上段及心滩整体均为正比降,滩尾段则因下游收缩河段壅水作用为倒比降,因滩尾段出现倒比降,滩体整体比降小于滩尾上段。

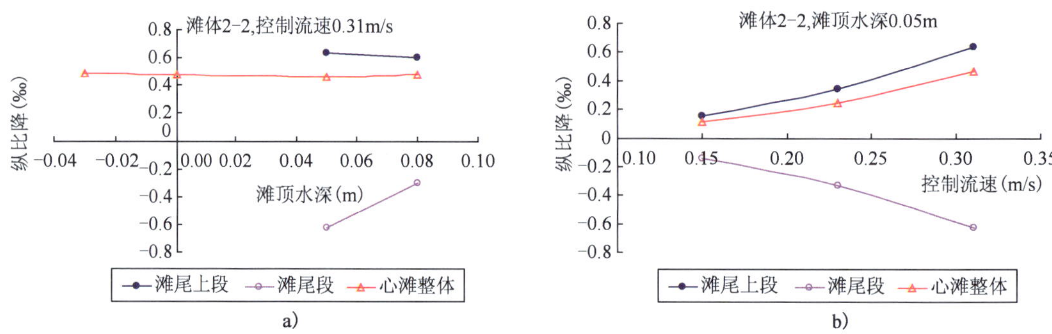

图 3.2-27　心滩纵比降随水深、流速变化

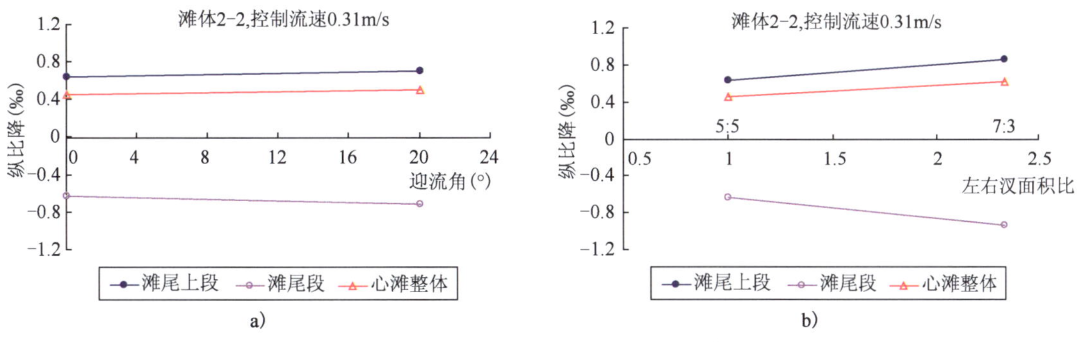

图 3.2-28　心滩纵比降随迎流角、左右汊面积比变化

滩面水深越大，滩面水流受心滩压缩影响及滩尾收缩段阻水影响越小，滩尾上段、滩尾段纵比降大小（不考虑正负，下同）则越小，心滩整体比降变化不大。

流速越大，滩面水流受心滩压缩及滩尾收缩段阻水影响越大，心滩纵比降大小越大，滩尾上段比降大小及变幅较心滩整体大。

滩头偏向凹岸（左岸，迎流角增加）、滩尾偏向凸岸（右岸）时，滩面纵比降略有增加。

心滩向凸岸发展时（左汊断面面积大于右汊），心滩靠向主流区，滩面流速增加，其纵比降大小也增加。

滩面纵比降随滩型（收缩比、长宽比）的变化见图 3.2-29、图 3.2-30。可见，滩尾上段及心滩整体比降均为正比降，但滩尾段在长宽比较大时，因滩尾纵比降观测点已位于下游收缩河段内，受收缩段阻水影响消失，出现正比降。

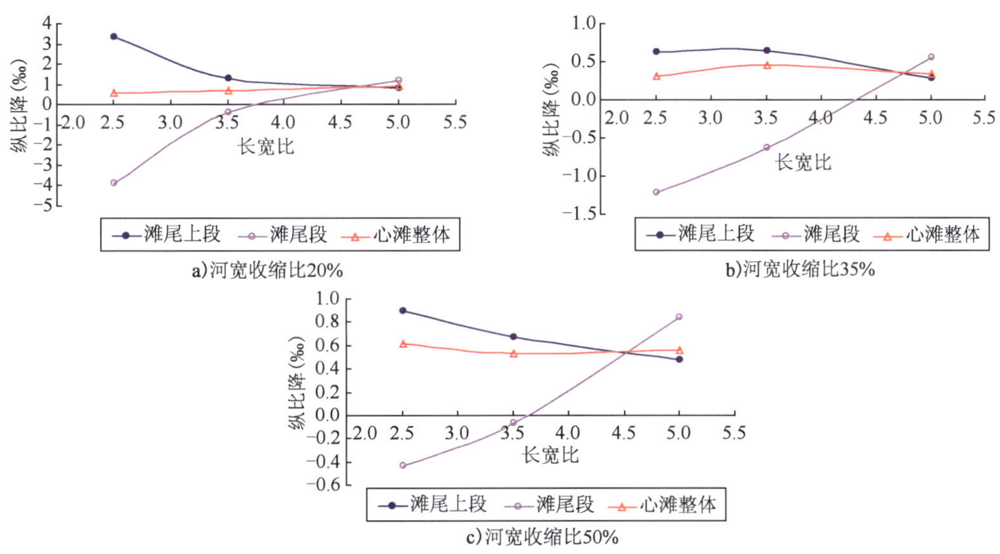

图 3.2-29　不同河宽收缩比时心滩纵比降随滩体长宽比变化

当收缩比相同时，长宽比越大（即滩体越长），滩面水流沿程受心滩压缩影响变化越小，滩尾上段纵比降则越小；长宽比较小时，滩尾段纵比降大小随长宽比增大而减小。

当滩体长宽比不大时，滩尾上段、滩尾段纵比降大小随收缩比的增大而减缓。

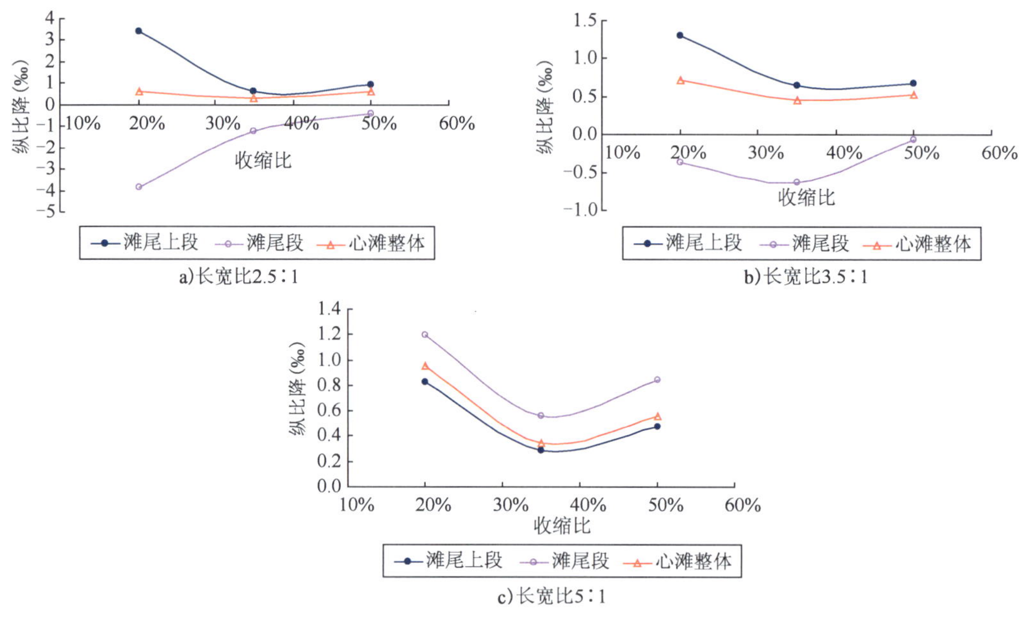

图 3.2-30　不同滩体长宽比时心滩纵比降随河宽收缩比变化

(2)横向比降

微弯藕节状心滩河段因河道微弯、放宽段内心滩体的存在使得沿河段横向存在水位变化。

图 3.2-31 ~ 图 3.2-34 为心滩滩头段、心滩最宽断面、滩顶段、滩尾段横向水面线变化。因河段微弯,受弯道环流影响,凹岸(左岸)水位高于凸岸(右岸),又因两岸之间心滩体的存在,沿断面水位并非单调变化,而是表现为在心滩附近水位有一升高或降低现象,心滩附近水位升高或者降低与所在心滩段的位置有关。具体表现在:心滩滩头段因受心滩顶托壅水影响,滩尾段受下游河岸缩窄阻水影响,心滩附近水位升高;心滩最宽断面及滩顶段水流则因受滩体压缩影响,流速增加,而水位跌落。

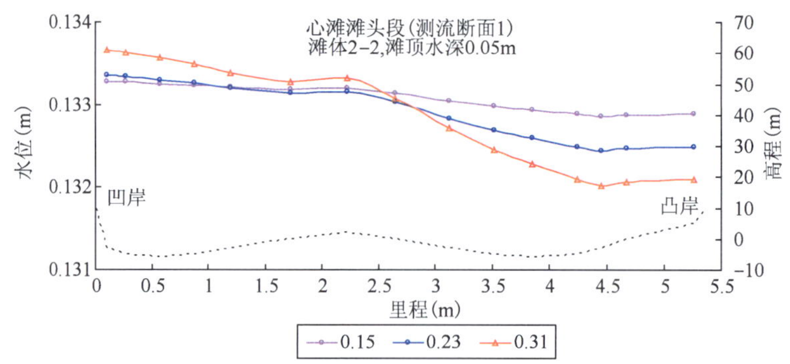

图 3.2-31　心滩滩头段横向水位变化(滩顶水深 0.05m,流速不同)

心滩段沿程存在由凹岸指向凸岸的横向水面比降,横比降较大值主要出现在弯顶附近及心滩滩尾卡口处,而滩尾卡口处横比降达到峰值。对弯顶附近而言,环流影响显著,横比降则较大；对于滩尾卡口处，因河道缩窄、弯曲，加上心滩的存在，深槽过水面积迅速减小，流速增加，水位跌落，加之主流偏向凸岸侧深槽，凸岸侧深槽内水位跌落显著，横比降亦显著。

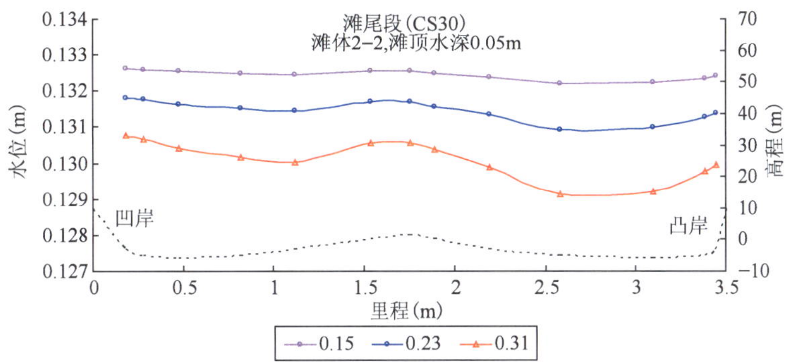

图 3.2-32　心滩滩尾段横向水位变化（滩顶水深 0.05m，流速不同）

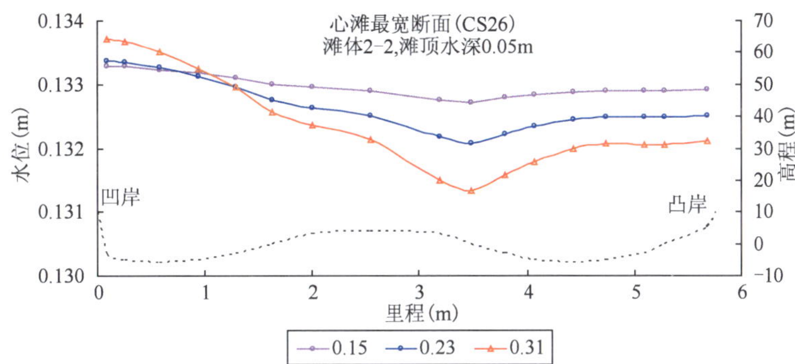

图 3.2-33　心滩最宽断面处横向水位变化（滩顶水深 0.05m，流速不同）

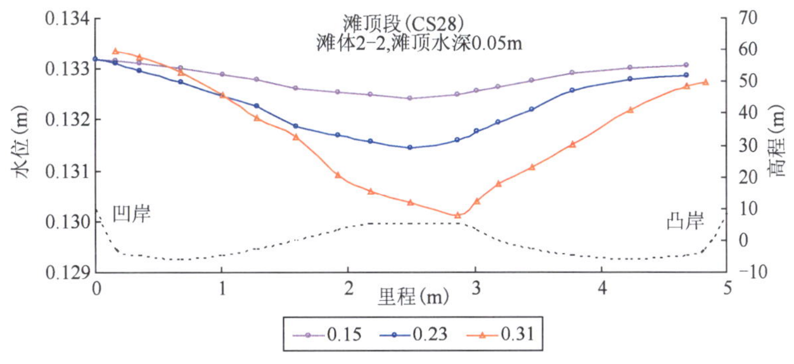

图 3.2-34　心滩滩顶断面横向水位变化（滩顶水深 0.05m，流速不同）

流速越大，主流趋直、偏向凸岸侧，弯道环流越显著，心滩两侧水位差越大，沿程横比降越大，比降变化越明显（图 3.2-35）。枯水露滩时，水流挫弯，心滩进口弯顶附近横比降大，滩尾卡口处横比降亦较大，而露滩段，两岸水流横向无交换，横比降相对较小；心滩淹没后，心滩进口弯顶附近环流减弱，横比降相应减小，滩尾卡口处过水面积增加，横比降减小，但心滩段弯顶附近横比降则因水流上滩而有所增加。

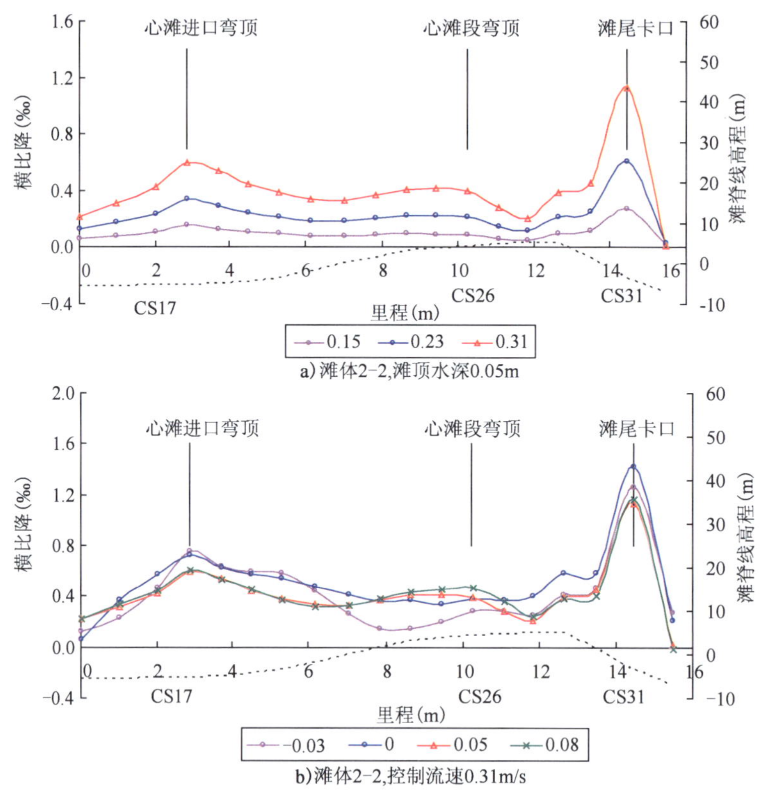

图3.2-35　心滩段横比降(凹岸—凸岸)沿程变化

心滩最宽断面的滩面横比降随流速、滩顶水深、迎流角、左右汊断面面积比的变化见图3.2-36、图3.2-37。心滩出露时,滩面横比降随水深增加而增大,至平滩水位时,受漫滩水流影响,滩面两侧水体交换最大,滩面横比降达到最大,随着水位升高,水流上滩,河湾环流逐渐减弱,滩面横比降亦逐渐减小;流速越大,弯道环流强度越大,滩面横比降越大;滩头偏向凹岸(左岸,迎流角增加)、滩尾偏向凸岸(右岸)时,滩面横比降减小;心滩向凸岸发展时(左右汊面积比增加),流速0.31m/s时主流趋直靠近凸岸,滩面横比降减小。

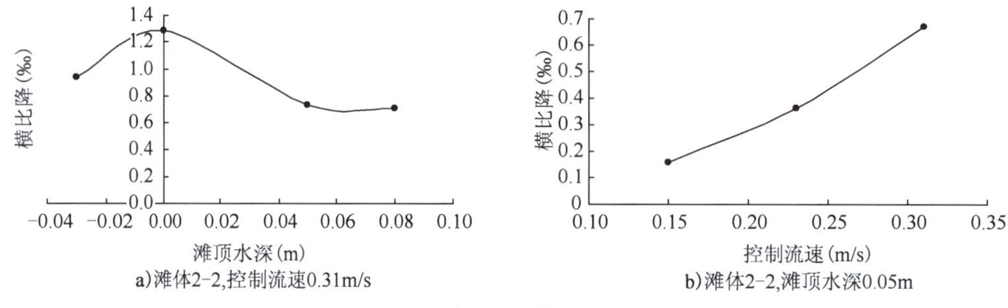

图3.2-36　心滩最宽断面滩面横比降随水深、流速变化

滩体最宽断面的滩面横比降随滩型(收缩比、长宽比)的变化见图3.2-38、图3.2-39,可见,滩面横比降随滩体长宽比的增加而减小,随收缩比的增大而减小,即短瘦型滩体的滩面横比降较大,可能与短瘦型滩体对减弱弯道环流强度较小有关。

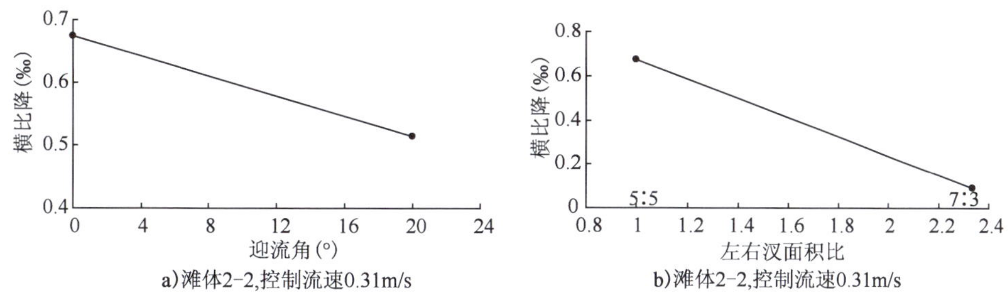

图 3.2-37　心滩最宽断面滩面横比降随迎流角、左右汊面积比变化

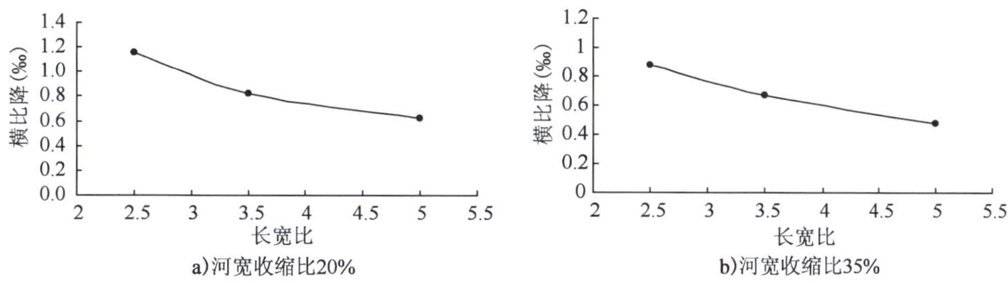

图 3.2-38　不同河宽收缩比时心滩最宽断面滩面横比降随滩体长宽比变化

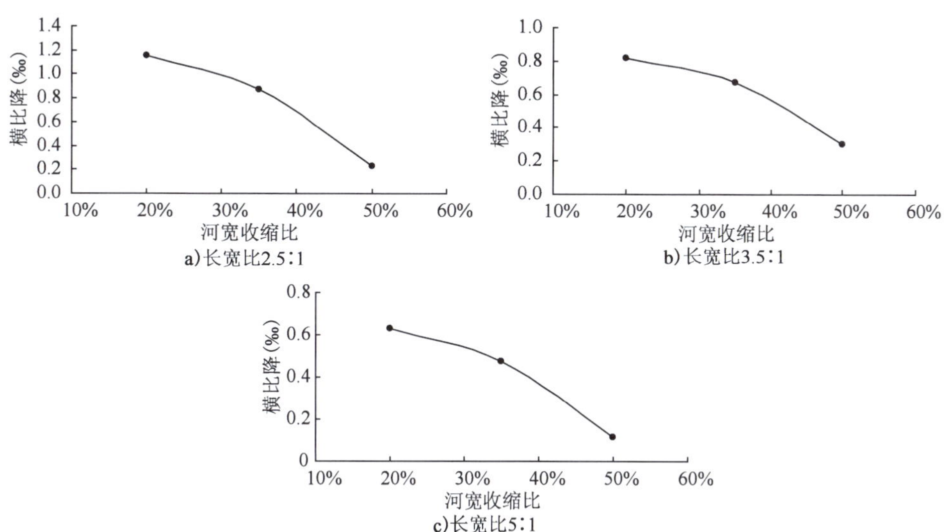

图 3.2-39　不同滩体长宽比时心滩最宽断面滩面横比降随河宽收缩比变化

(3)水位等值线

微弯藕节状心滩河段,因河道微弯,受弯道环流影响,凹岸水位高于凸岸水位;心滩进口段,凸岸边滩突嘴附近水位较小,进入心滩段后,滩面水位较低,水位低值区位于滩顶尾部;对整个心滩河段而言,水位低值区位于滩尾收缩河段的两侧深槽,且滩尾凸岸侧深槽水位低于凹岸侧深槽。

2)流速变化特点

(1)纵向流速

心滩河段的上下游收缩段,因河宽缩窄流速逐渐增加(图3.2-40);心滩所在的放宽段,因河道放宽、水流分散,加之心滩阻水影响,水流流速逐渐减小;水流行至滩面时,受滩体压缩,断面过水面积逐渐减小,流速逐渐增加,在滩顶尾部过水面积达到最小,流速达到极值,之后受下游收缩河段阻水作用,水位快速壅高,而流速迅速减小;最后进入下游收缩河段,水流受河岸挤压,流速逐渐增大。

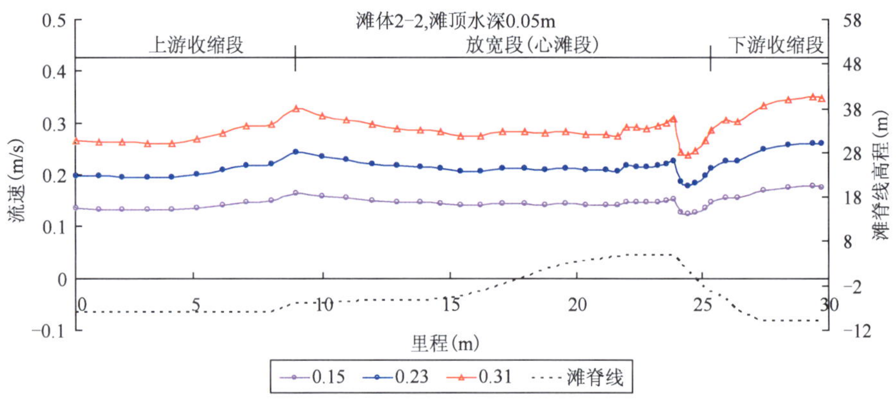

图3.2-40 沿滩脊线流速变化(滩顶水深0.05m,控制流速不同)

受弯道环流影响,心滩段左侧(凹岸)水位高于右侧(凸岸)水位,主流偏向凸岸侧,凸岸侧深槽流速大于凹岸侧深槽流速(图3.2-41)。心滩进口,因河面宽浅,凹岸深槽内流速较小,之后水流受滩体及河岸挤压,过水面积逐渐减小、流速逐渐增加,在滩尾卡口处达到最大;凸岸深槽位于主流区,流速变化平缓,受滩尾受滩体及河岸收缩影响,过水面积迅速减小,流速快速增大,在滩尾卡口处达到峰值。流速越大(或上游来流量越大),水流受滩面压缩影响越明显,整个心滩河段流速越大、沿程流速变化越显著;流速越大,弯道环流强度越大,致使心滩两侧深槽流速差越大。

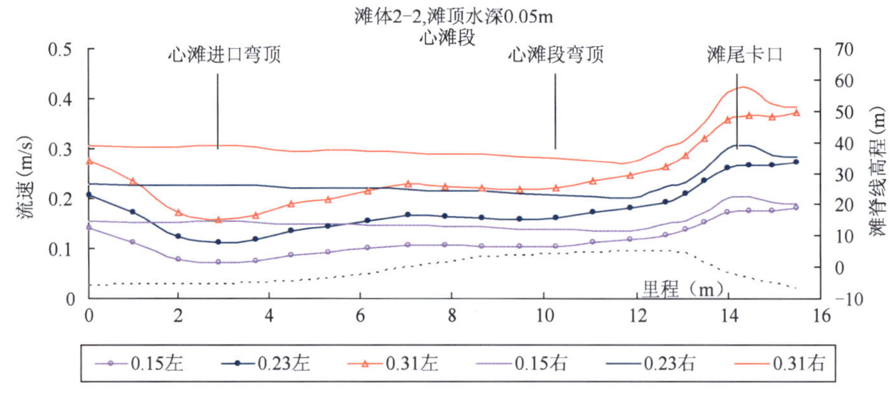

图3.2-41 心滩段两侧深槽流速变化(滩顶水深0.05m,控制流速不同)

枯季心滩出露时,滩体迎流面沿程水深逐渐减小至零,滩面流速主要受水深影响而逐渐减小至零(图3.2-42);随着水深增加,水流上滩,滩面分流量增加,流速增大,滩尾受下游收缩段卡口影响减弱,流速变化趋缓;滩顶水深越大(控制流速相同),上游来流量越大,滩面流速也越大。心滩两侧深槽流速变化与滩体是否淹没有关,枯季心滩出露,滩顶附近(心滩段弯顶至滩尾卡口处,图3.2-43)水流分汊,水流集中于深槽,流速增加,中洪季时心滩淹没,过水面积增加,深槽内流速减小。

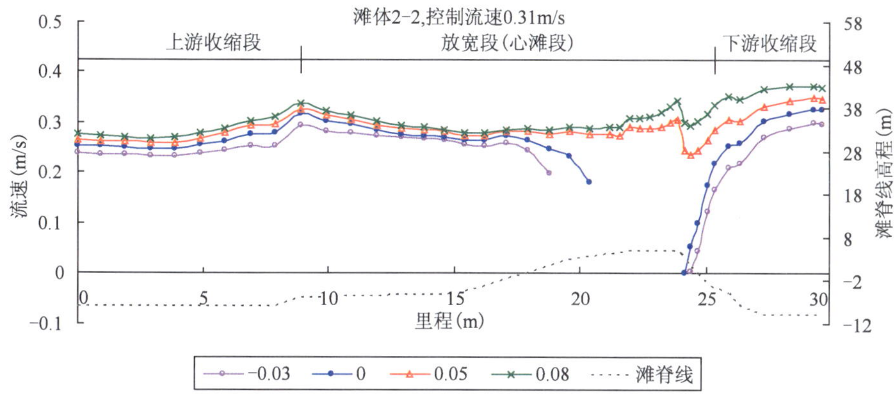

图3.2-42 不同滩顶水深时沿滩脊线流速变化($v=0.31\mathrm{m/s}$)

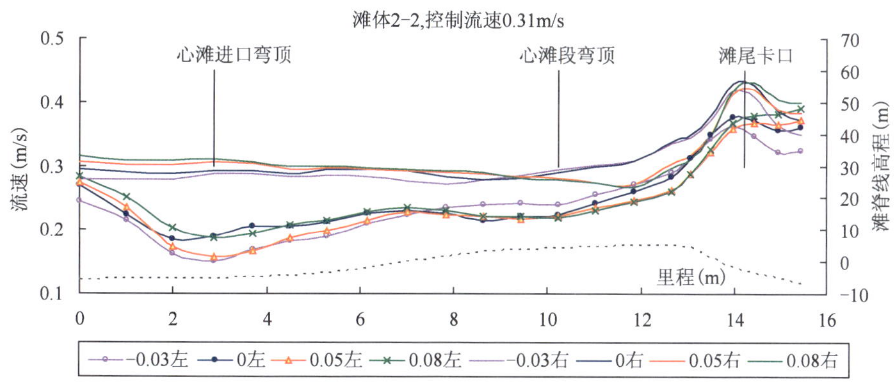

图3.2-43 不同滩顶水深时心滩两侧深槽流速变化($v=0.31\mathrm{m/s}$)

不同滩型下河段流速变化趋势一致(图3.2-44~图3.2-46),均表现为微弯藕节状心滩河段流速变化一般特点,但河段流速大小因流速控制点与心滩相对位置不同而不同:短瘦型心滩离流速控制点较远,对河道水流挤压程度小,为能达到相同的控制流速,上游流量较大,河段流速也较大;长胖型心滩则相反,河段流速相对要小点。因而,对于不同滩型的流速变化特点,主要比较流速的相对变化。

河宽收缩比相同时,不同滩体长宽比对河段流速影响主要体现在滩顶流速变化,滩体长宽比越小,滩顶流速增大越明显,可能与顺水流向地形的梯度变化有关。长宽比越小,心滩对弯道环流强度的影响越小,心滩附近两侧深槽流速差越大。

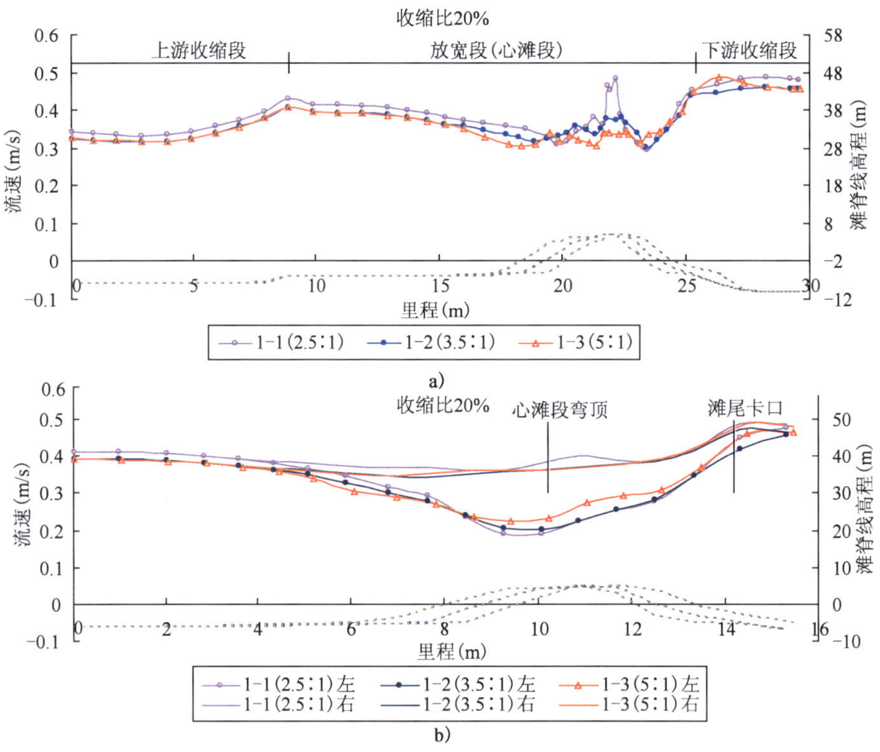

图 3.2-44 不同滩体长宽比时流速变化(收缩比 20%，$h = 0.05\text{m}$，$v = 0.31\text{m/s}$)

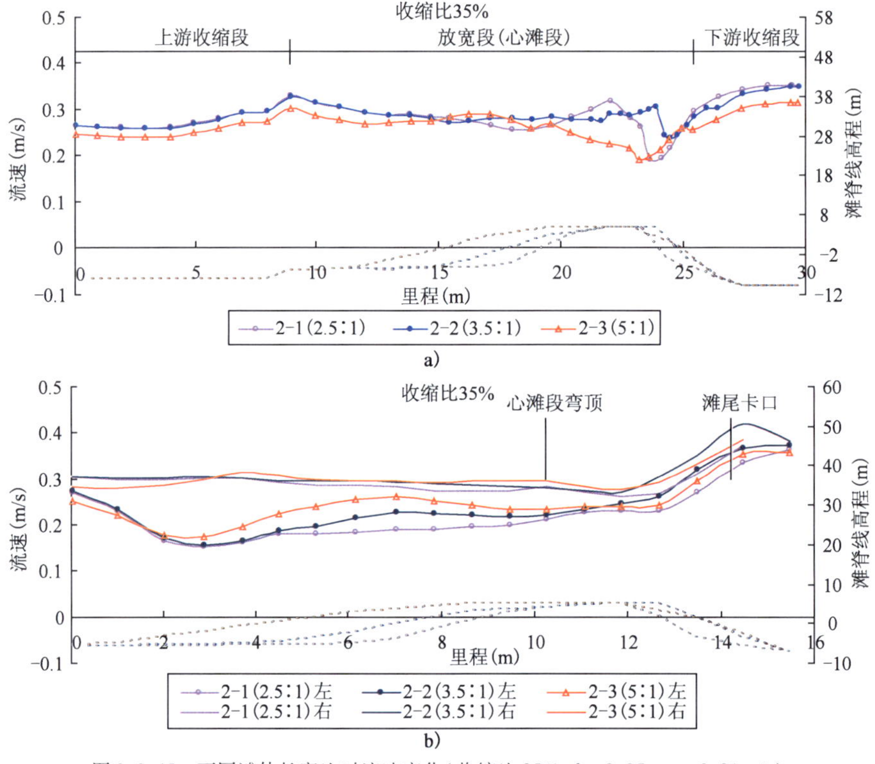

图 3.2-45 不同滩体长宽比时流速变化(收缩比 35%，$h = 0.05\text{m}$，$v = 0.31\text{m/s}$)

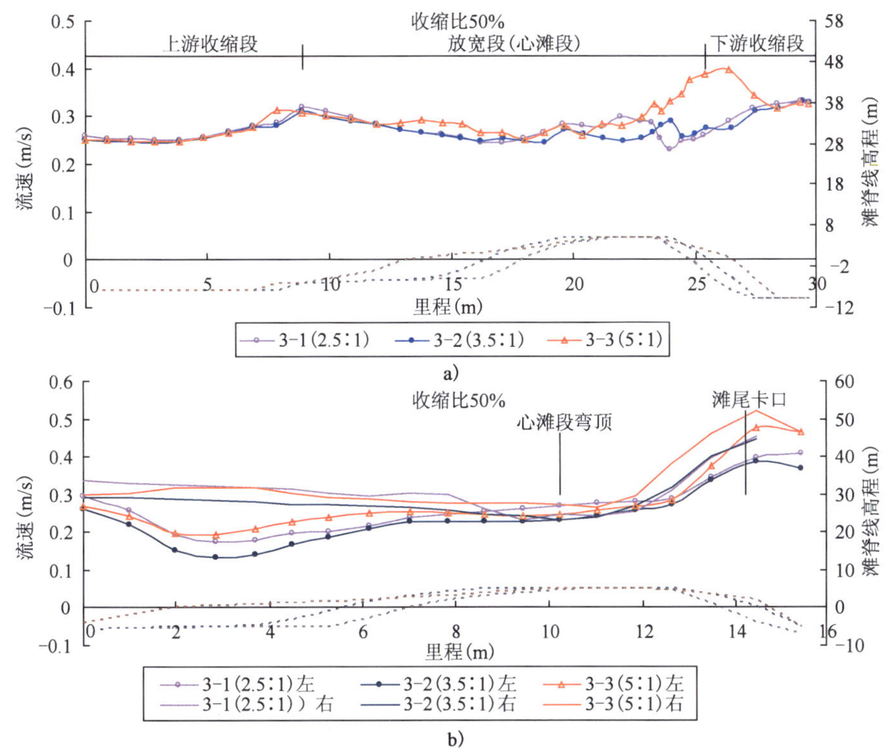

图 3.2-46　不同滩体长宽比时流速变化(收缩比 50%，$h=0.05\mathrm{m}$，$v=0.31\mathrm{m/s}$)

滩体长宽比相同时，河宽收缩比越小，滩顶流速增加也越显著，可能与顺水流向地形的梯度变化有关；河宽收缩比越小，心滩段弯顶附近环流强度显著，两侧深槽流速差越大(图 3.2-47 ~ 图 3.2-49)。

(2)横向流速分布

图 3.2-50 ~ 图 3.2-53 为心滩滩头段、心滩最宽断面、滩顶段、滩尾段横断面流速变化，心滩横断面流速高值区位于左右深槽之间，因河道微弯，主流偏离滩脊线，偏向于凸岸侧深槽。心滩滩头段水流受心滩顶托阻水影响，滩尾段受下游河岸缩窄阻水影响，滩面水位壅高，而流速有所减小，特别是滩尾段，滩面流速减小显著；心滩最宽断面及滩顶段水流则因受滩体压缩影响，滩面流速较大。流速越大，河湾环流强度越大，横断面流速越大，流速分布越不均匀。

枯季心滩出露时，滩顶附近水流分两汊下行，受弯道环流影响，凹岸水位高于凸岸，但凸岸侧深槽流速大于凹岸侧深槽流速(图 3.2-54)；心滩淹没后，滩上分流，心滩两侧深槽流速减小，滩面流速增加；控制流速相同时，滩顶水深越大，上游来流量越大，滩顶流速也越大。

河宽收缩比相同时，不同滩体长宽比下滩顶断面流速变化见图 3.2-55，可见，收缩比较小，且长宽比较大时滩顶流速降低明显。

(3)流速等值线

微弯藕节状心滩河段主流偏离滩脊线靠向右岸(凸岸)侧，心滩进口段，因河道缩窄，流速较大，心滩凸岸边滩附近为缓流区。对心滩体而言，滩面水流受心滩体、河岸压缩，滩面流速较大，流速高值区位于心滩凸岸侧滩唇及滩尾凹岸侧滩唇；对心滩河段而言，滩尾两侧深槽受滩尾及河岸缩窄作用，其流速为整个河段的高值区，且滩尾凸岸侧深槽流速尤为大，该处水面比降亦最大，将是床面的主要冲刷区域。

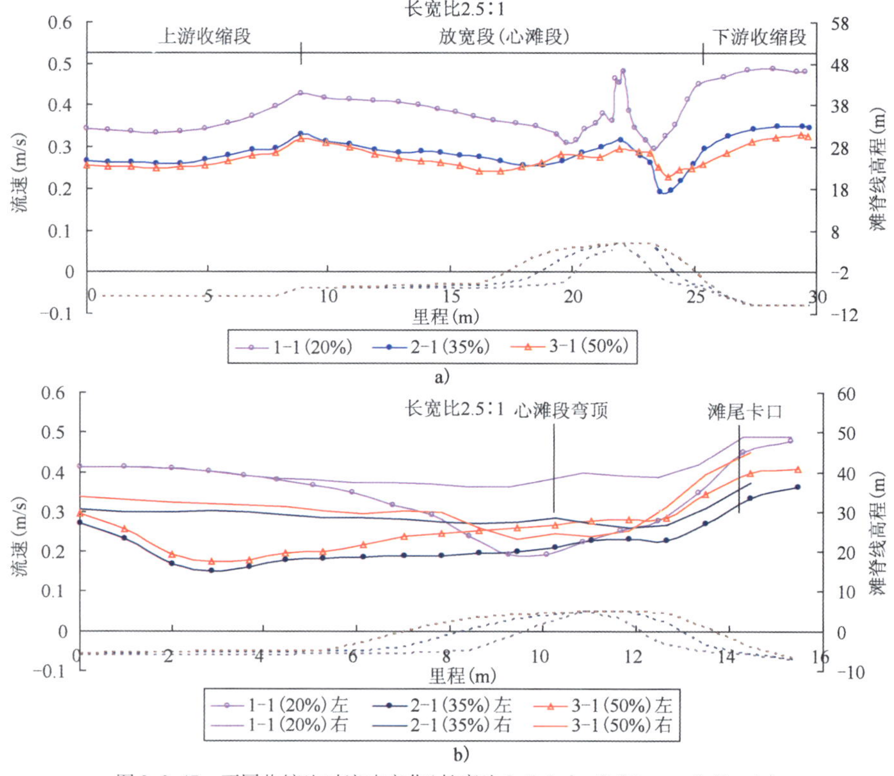

图3.2-47　不同收缩比时流速变化(长宽比2.5∶1,$h=0.05\text{m}$,$v=0.31\text{m/s}$)

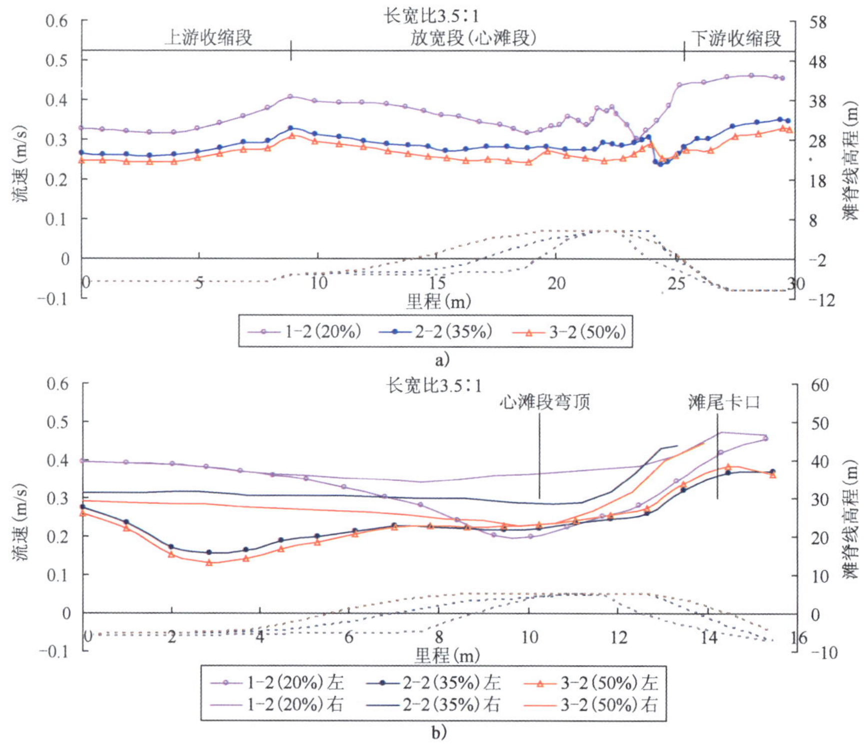

图3.2-48　不同收缩比时流速变化(长宽比3.5∶1,$h=0.05\text{m}$,$v=0.31\text{m/s}$)

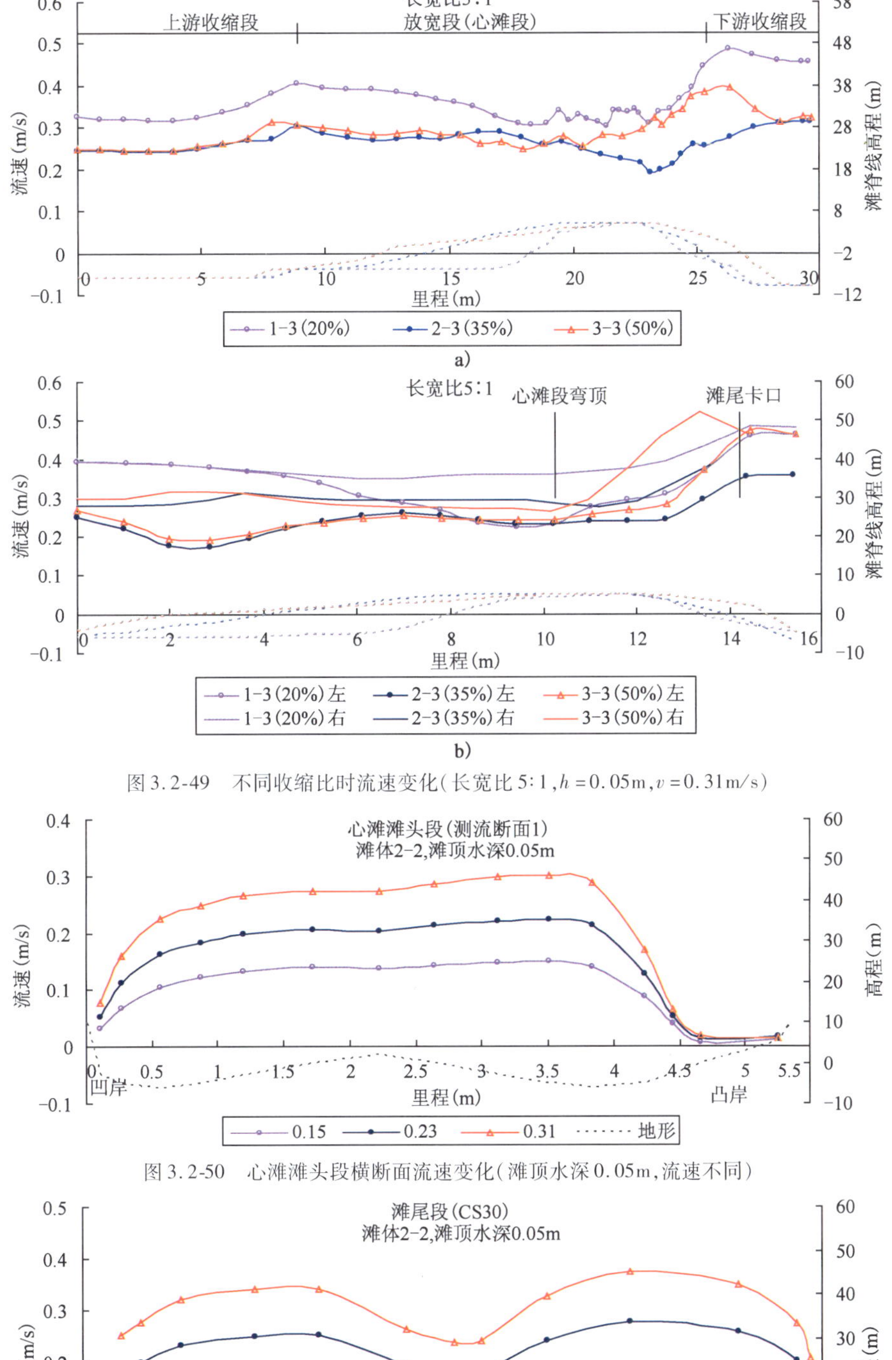

图 3.2-49　不同收缩比时流速变化(长宽比 5:1,h = 0.05m,v = 0.31m/s)

图 3.2-50　心滩滩头段横断面流速变化(滩顶水深 0.05m,流速不同)

图 3.2-51　心滩滩尾段横断面流速变化(滩顶水深 0.05m,流速不同)

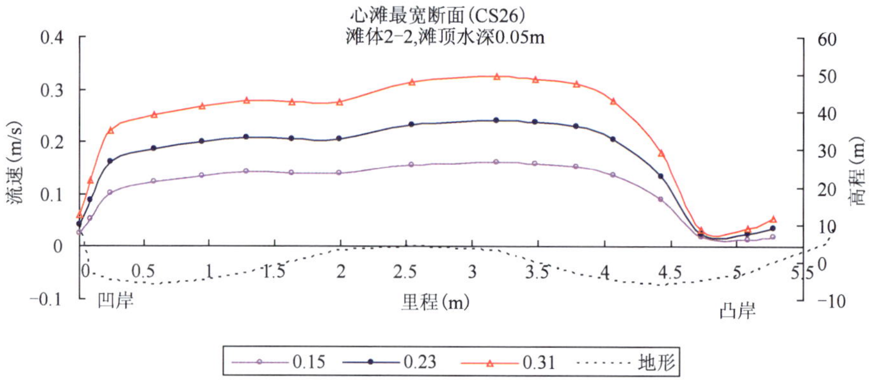

图3.2-52 心滩最宽断面流速变化(滩顶水深0.05m,流速不同)

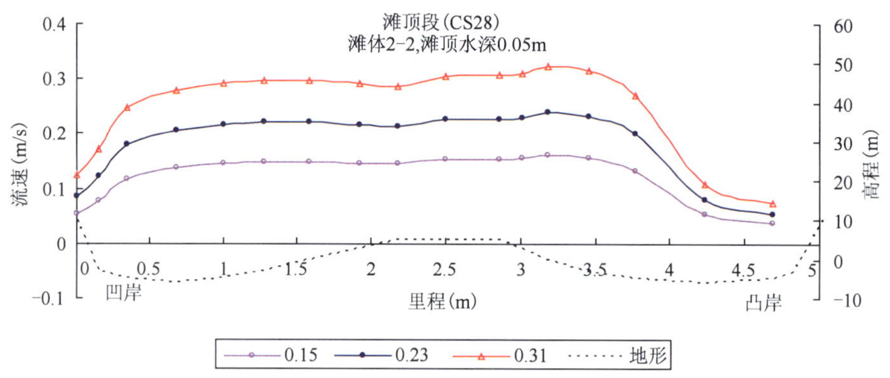

图3.2-53 心滩滩顶段横断面流速变化(滩顶水深0.05m,流速不同)

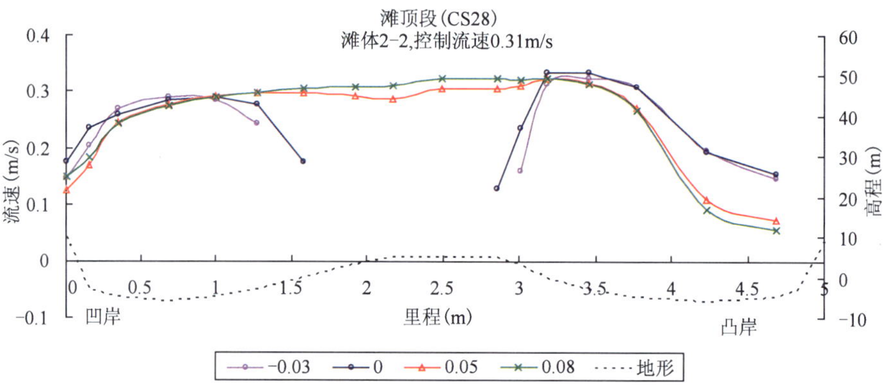

图3.2-54 不同滩顶水深时滩顶断面流速变化($v=0.31m/s$)

流速越大,滩面流速越大,滩尾两侧深槽流速也越大;枯季心滩出露时,滩尾两侧水流约束于岸滩之间,水流流速较大,随着水深增加,滩顶过流,流速增加,心滩滩唇高流速范围增大;滩头迎流角增加(滩头偏向凹岸、滩尾偏向凸岸)时,滩尾偏向主流区,高流速范围有所增大;滩体向凸岸发展时,滩面高流速区范围亦增大,整个心滩体均处于流速高值区,对心滩稳定极为不利。

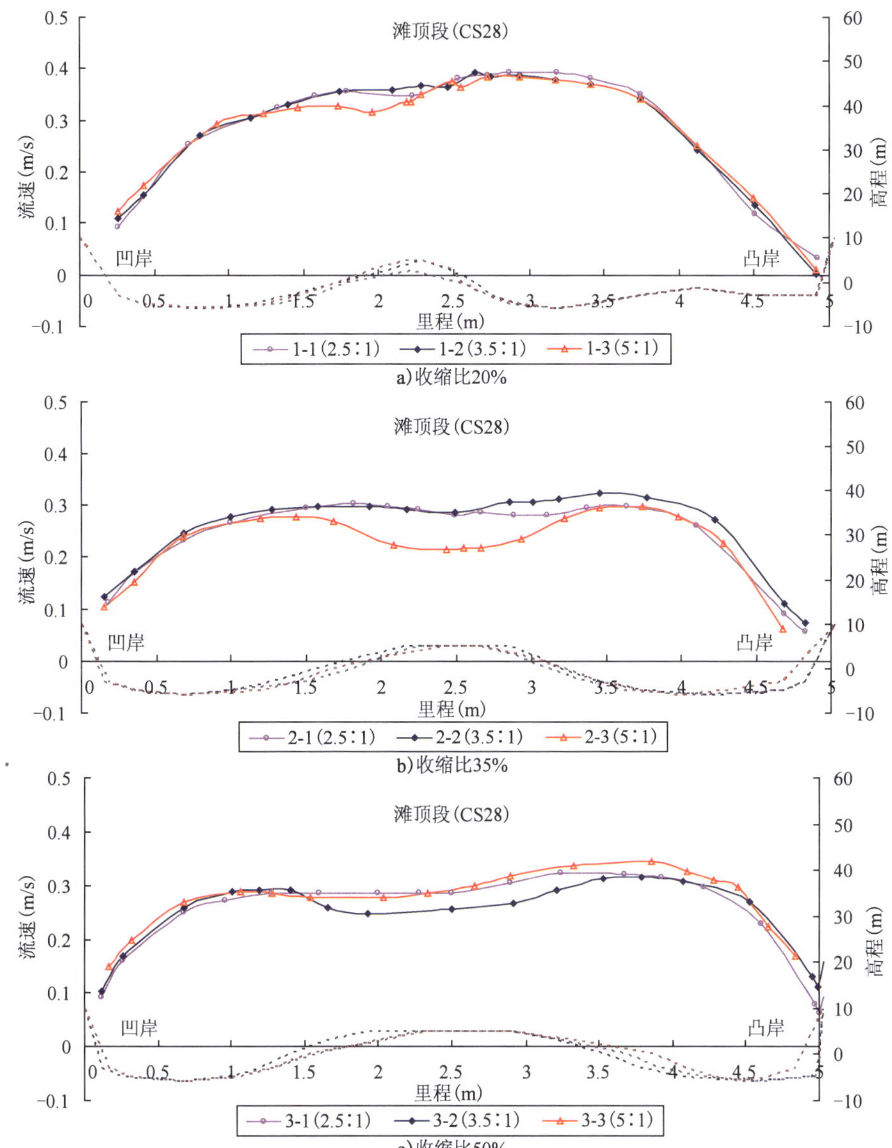

图 3.2-55　收缩比相同时滩顶断面流速随滩体长宽比变化($h=0.05\mathrm{m}$,$v=0.31\mathrm{m/s}$)

图 3.2-56 为滩体 2-2 在滩顶水深 0.05m、控制流速 0.31m/s 时的水位等值线与流速等值线间的关系图,总体而言,水位低值区对应的是流速高值区,反映出能量守恒下的水体势能与动能之间的相互转化关系。

3)泥沙输移路线

心滩在淹没(滩上水深 0.05m)时,上游泥沙向下输移接近心滩时,泥沙分两股输移(图 3.2-57),一股沿心滩左侧滩唇呈带状输运,至滩尾后沿河心下移,另一股则沿凸岸边滩带状下行,进入心滩河段后部分泥沙落淤于边滩上,之后,贴凸岸向下游输移,心滩上游的进口段,因水流分散,亦有部分泥沙落淤。

根据模型试验表面流场成果及二维数模垂线平均流场计算成果,绘制心滩在淹没时沿程表面水流动力轴线、垂线平均水流动力轴线变化(图 3.2-57)。可知,河段主流位于心滩河段凸岸侧，水流动力轴线趋直，并在心滩滩顶上游分汊，表面水流动力轴线与垂线平均水流动力轴线在心滩附近分离，前者相对偏靠凹岸、路线较为弯曲；水流动力轴线与泥沙输移路线错开，即主流区并非泥沙输移带。从泥沙输移路线及水流动力轴线的关系来看，心滩右滩唇及滩顶将是冲刷区域，心滩左侧滩唇及右岸边滩流速较小，加之为泥沙输移带，冲刷将较小或有所淤积。

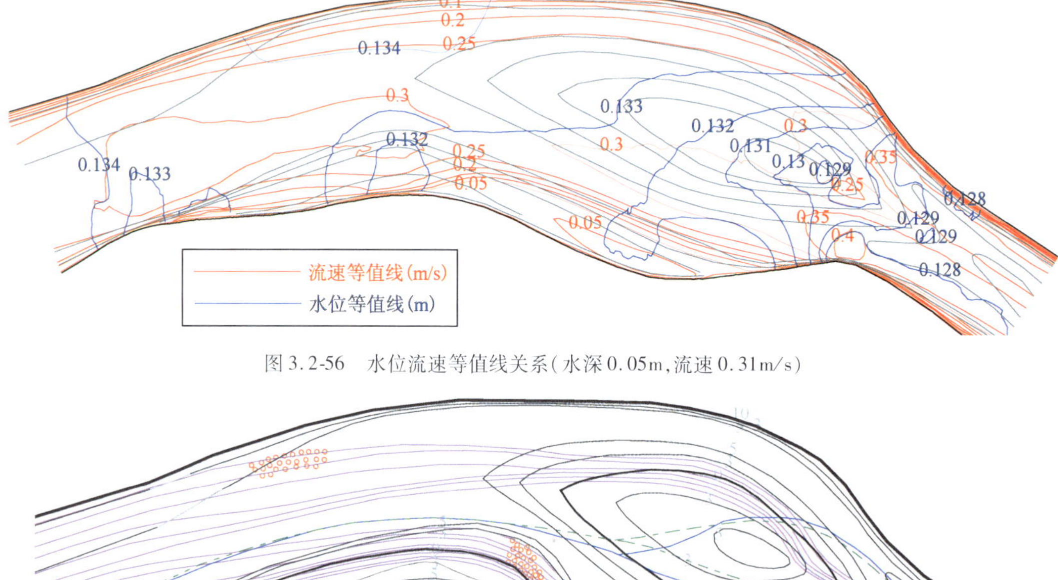

图 3.2-56　水位流速等值线关系(水深 0.05m，流速 0.31m/s)

图 3.2-57　淹没时泥沙输移路线与水流动力轴线关系(水深 0.05m，控制流速 0.31m/s)

心滩露出水面(滩上水深 -0.03m)时，泥沙输移情况同淹没时类似，因水流分汊，泥沙输移靠近心滩、边滩较低的部位，滩体附近泥沙输移较淹没时集中(图 3.2-58)。心滩左侧滩唇出现泥沙落淤，滩尾为左右汊水流的汇合区，水流紊动强烈，为流速低值区，泥沙在此落淤。

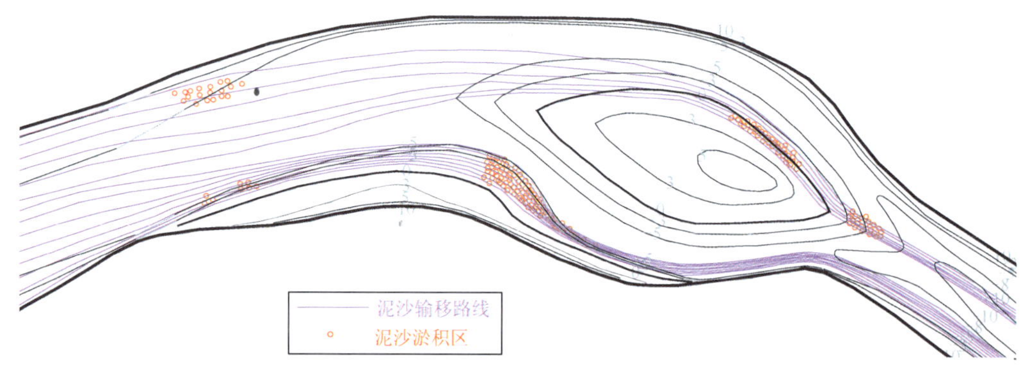

图 3.2-58　非淹没时泥沙输移路线(水深 -0.03m，控制流速 0.31m/s)

3.3　泥沙冲於特征

3.3.1　边滩滩体冲淤分析

滩体无防护情况下,滩槽与水流间进行自动调整,使得滩槽重新塑造。滩体重新塑造后,滩体上游过渡段(迎流面)与顺直段发生冲蚀而变狭窄;或者滩顶受冲刷而变得低矮,整个滩体有向下游移动的趋势。为此,结合定床试验中流速分布随滩型(长宽比、压缩比)、水流条件(流速、水深)变化特点及流速等值线变化,分析边滩滩体冲淤变化。

(1)滩槽冲淤一般性分析

滩体在无防护的情况下,滩槽一般冲淤部位见图 3.3-1。

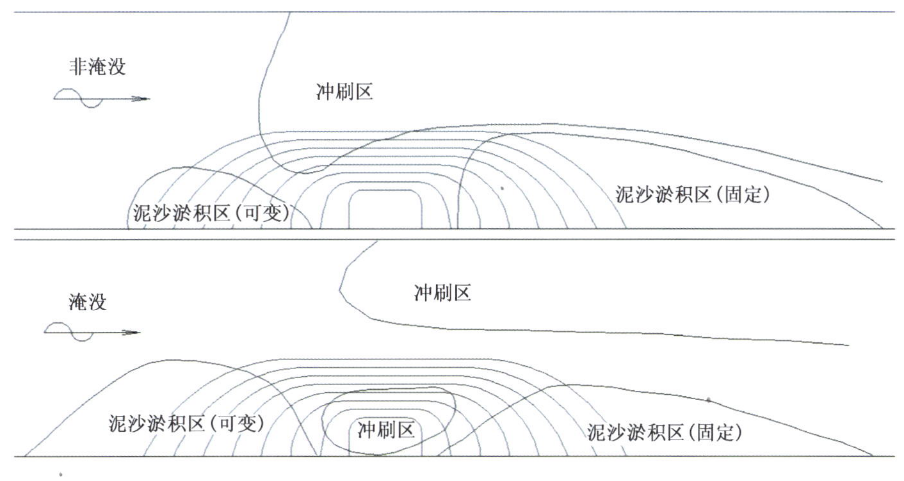

图 3.3-1　滩体无防护下滩槽一般冲淤部位示意图

滩体在非淹没情况下,滩体上游过渡段(迎流面)至顺直段水流受滩体挤压,流速快速增加,在滩体中下游侧达到峰值,下游流速大于上游,流速越大,流速大小及变化幅度越大。由于推移质输沙率一般与流速的高次方成正比(一般为 4 次),流速的细微变化将引起输沙率的明显变化,使得滩体过渡段以下的深槽内泥沙被大量输送至下游,由于清水冲刷,河床得不到上游来沙的补给,深槽河床大幅刷深,刷深范围及幅度随着流速的增大而增加。

从滩面流速等值线来看,滩体上游过渡段(迎流面)至顺直段的滩面流速最大,是滩体的主要冲刷部位,之间靠上游段大流速范围大于靠下游段,使得对应靠上游段滩体冲刷范围大于靠下游段。滩体上下端均为流速低值区,均为泥沙淤积区。滩体上端水流因受滩体顶托流速减小,使得上游床面冲刷输送下来的泥沙在此落淤,该区为可变的泥沙淤积区域,流速较大时,流速可能超过该区滩面泥沙的起动流速而输移;滩体下端则受滩体掩护出现回流,流速减小、泥沙淤积,但该区为固定的泥沙淤积区。

从横断面流速分布特点可知,滩面水流受滩体挤压,流速也快速增加,在滩脚处达到峰值,滩面流速梯度变化甚大,滩面从某一较大流速(大于泥沙起动流速)的部位至滩脚处滩体冲刷下切,由于滩脚流速最大,且滩脚附近流速梯度变化很大,冲刷后的滩脚处床面低、坡度陡。

淹没情况下,流速特点与非淹没情况类似,但流速大小及变化幅度较非淹没小,相应滩槽冲淤变化也与非淹没情况类似，但冲淤变化相对较小，滩脚处床面坡度相对较缓，由于水流上滩，滩顶为流速大值区，滩顶床面冲刷下切。

(2)不同水流条件下深槽变化及滩体冲淤部位、冲淤量变化

非淹没情况下，流速越大，深槽冲刷向上游发展，冲深也越大；滩体冲刷部位位于滩体迎流面与顺直段交界面，流速越大，滩体冲刷范围变大，并向滩体上游段发展，而滩体上、下端淤积部位向上、下游延伸。相同流速下，滩体淹没时，深槽冲刷范围向下游退缩，冲刷深度减小；滩体冲刷部位主要位于滩顶附近，滩上游端淤积范围加大，滩尾端淤积范围减小，但厚度增加。

(3)相同水流条件、不同边滩形态深槽变化及滩体冲淤部位、冲淤量变化

相同水流条件下，滩体压缩比越大，滩体上、下游深槽内流速有所减小，滩体段内深槽流速越大，使得深槽冲刷下切越明显。

相同水流条件下，长宽比越大，滩体附近整个河段深槽流速也越大，滩体附近流速变化越靠近滩体，使得深槽内冲刷范围越大；滩体冲刷部位仍为迎流面与顺直段交界面(非淹没)，或滩顶附近(淹没)，但随着长宽比增大，滩体冲刷范围加大；滩体淤积部位仍为滩体头部和尾部，随着长宽比增大，滩体淤积范围减小。

3.3.2 心滩滩体冲淤分析

心滩在无防护情况下，心滩面直接受到水流冲刷作用，滩面进入以冲刷为主的重新调整阶段，使得滩槽重新塑造，滩槽重新塑造过程中又受到心滩体特有的河道形态(河道呈放宽状或收缩状或者两端窄中间宽的藕节状)的约束。

(1)滩槽冲淤一般性分析

滩体在无防护的情况下，滩槽一般冲淤部位见图3.3-2。

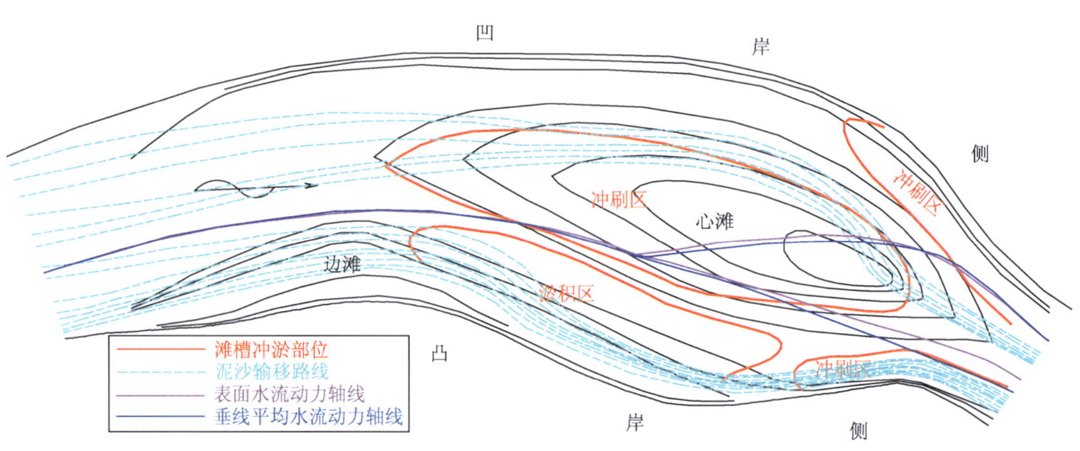

图3.3-2 滩体在无防护下滩槽一般冲淤部位示意图

心滩体无防护时，滩面完全暴露于水流中，因水流为不饱和挟沙，将从床面携取泥沙向下游输移，心滩及上下游床面开始进入冲刷变形阶段，冲刷开始阶段，床面流速较大，其流速分布基本同定床试验及水流数模计算成果，随着床面冲刷发展，水深增加、床面粗化、阻力增大，以及流速减缓，由于推移质泥沙输沙率与流速的高次方成正比(一般成4次)，流速的细

微变化将引起输沙率的明显变化,可见,床面冲刷开始阶段是河段滩槽冲淤变化幅度最显著的阶段。

滩槽的冲淤位置及冲刷幅度与流速分布及泥沙输移路线有关。心滩滩面水流受心滩压缩影响流速较大,滩尾两侧深槽水流受河岸缩窄影响流速亦大,这些部位是滩槽的主要冲刷区域;而凸岸侧边滩位于缓流区,且床面冲起泥沙在向下游输移的过程中一部分沿边滩侧沿输移,另一部分受弯道环流影响输向凸岸侧,使得凸岸边滩侧沿的深槽有泥沙落淤,该处为泥沙主要淤积区。

从冲刷开始阶段流速分布来看,心滩凸岸侧滩唇及滩尾凹岸侧滩唇为滩面流速高值区,其也为滩面冲刷最严重的区域,心滩凹岸侧滩唇因处于泥沙输移带,且流速较主流经过的凸岸侧滩唇小,故凹岸侧滩唇冲刷幅度相对凸岸侧要小得多;滩尾收缩段的两侧深槽为整个心滩河段的流速高值区,因主流偏向凸岸侧,滩尾凸岸侧深槽流速更大,可见滩尾两侧深槽是心滩河段冲刷最为严重的区域,且滩尾凸岸侧深槽冲刷尤为严重。

(2)不同水流条件下心滩冲刷变形及滩槽冲淤量变化

不同水流条件(流速、滩顶水深)下心滩的冲刷变形主要与滩面冲刷开始阶段的流速分布及泥沙输移路线有关。控制流速越大,滩面流速越大,引起滩面泥沙成层输移量越多,心滩滩面冲刷下切、滩型萎缩后退越显著。心滩淹没时,水深增大,上游来流量增大,滩面流速亦增加,使得心滩冲刷下切程度也加大;枯季心滩出露时,水深增大,滩面大流速范围增大,受冲范围亦增加,至平滩水位时达到最大;心滩淹没时,因水流上滩,滩面大流速范围增大,滩面受冲程度较平滩水位时严重。

(3)不同滩型下心滩冲刷变形分析

滩头迎流角改变时(滩头偏向凹岸、滩尾偏向凸岸),心滩迎流面流速有所减小,而滩尾流速增加,滩头、滩尾附近流向偏向凸岸,而滩面流向偏向凹岸。可以预测滩头的冲刷后退程度应该相对小些;又因滩尾流速有所增大,受冲刷程度也随之加大。

心滩向凸岸发展时(左汊断面面积大于右汊),滩面纵比降增加、横比降减小,主流靠近心滩面,滩面流速增加,整个心滩将直接受主流顶冲,心滩冲刷变形将十分严重。

滩体长宽比越小,或河宽收缩比越小,心滩附近环流强度显著,滩顶水位跌落、流速增大越明显,滩面比降越大。此时,心滩冲刷幅度也越大。

3.4　护滩结构水毁形式及机理

3.4.1　软体排水毁

(1)水毁形式

在长江中游航道整治工程中,软体排护滩带的破坏形式可归纳为四大类:边缘塌陷形成陡坡造成排体变形较大或者悬挂;边缘排体下部河床局部淘刷,形成空洞;排体基础整体冲刷坍塌;排中部塌陷或鼓包。

①边缘塌陷形成陡坡,边缘排体变形较大或者悬挂。

这种变形在工程中常见,造成的问题有:a. 混凝土排体和系结条外露,进而老化;b. 系结条松开,混凝土块移动或滑落;c. 排体撕裂。如图 3.4-1、图 3.4-2 所示。

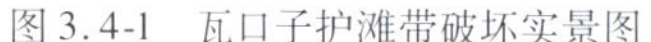

图 3.4-1　瓦口子护滩带破坏实景图

图 3.4-2　武汉天兴洲边缘塌陷实景图

②排体下部河床局部淘刷，形成空洞。

在天兴洲头部低滩守护工程、东流水道护滩工程中，曾出现排体下部河床局部淘刷，形成空洞破坏现象，造成排体撕裂（一般从接缝处），进一步向排内淘刷，最后在排前缘形成锯齿状（图 3.4-3），更有甚者，造成护滩带断裂，滩面出现窜沟（如武穴纵向护滩带）。

③排体基础整体冲刷坍塌。

排体基础整体冲刷坍塌情况，主要与水流和滩体地质条件、护滩带平面布置及宽度等因素有关，这种变形，往往会使排整体塌陷、所护滩体破坏。如图 3.4-4 所示。

图 3.4-3　东流水道护滩带破坏实景图

图 3.4-4　沙市三八滩护滩带破坏实景图

④排中部塌陷或鼓包。

这种破坏现象形成的原因，主要是排体接缝处理不牢，造成接缝处泥沙冲失或泥沙从接缝处挤入排底。造成的问题为：排体外露、老化，所护滩体破坏。如图 3.4-5 所示。

图 3.4-5　沙市三八滩护滩带破坏实景图

（2）影响因素

护滩建筑物破坏机理较为复杂，影响因素也较为复杂，破坏的关键在于护滩建筑物附近局部冲刷坑的形成。就护滩带而言，其损毁的主要因素包括水流条件、河床组成、护滩带自身的结构、平面布置，以及护滩带施工工艺等。

护滩带破坏的形式多种多样，破坏机理非常复杂，不仅与护滩带自身的强度有较大的关系，而且与护滩带平面布置、守护区域内的水流泥沙条件、滩体地质条件有关系,同时与施工质量也有一定关系。

①护滩带自身的结构强度较低是护滩带遭受破坏的内因。主要表现在三个方面:一是排布及系结条强度低,在排体悬空或变形较大时,经常出现排布撕裂,系结条散开,混凝土块散落的现象;二是排体搭接时的强度较低,如果排体外侧出现一定程度的变形后,可能会引起排体搭接处遭受破坏;三是排垫在阳光下易老化,老化后强度降低,这是护滩带破坏的一个关键因素。

②护滩带平面布置包括护滩带的间距、宽度等是否合理,这直接关系到护滩带守护范围能否维持稳定。如果守护范围过大,势必造成工程量的浪费;如果守护范围过小,则起不到应有的效果,因此护滩带的间距和宽度是护滩带设计过程中的一个重要技术参数。

③水流条件是造成护滩带破坏的动力因素,也是根本原因。

对于心滩守护,可以分为两种情况:淹没和非淹没情况。对于非淹没情况,由于心滩的存在,水流在流经心滩时被水流分离成两股水流分别向两侧汊道内流动,水流在沿着心滩边缘流动时,由于心滩对过水断面的压缩作用,单宽流量增加,因此,水流在护滩带两侧流速较大,对护滩带的坡脚冲刷作用强烈,在护滩带的尾部两侧,水流的流速大于泥沙的起动流速,对护滩带尾部两侧未护滩缘上的泥沙进行冲刷,造成滩缘收缩,水流形成绕流,更加大了对泥沙的淘刷作用,在其作用下,护滩带边缘被淘刷而形成陡坡,造成排体不均匀变形甚至排体悬空。对于淹没情况,护滩带保护的滩体能有效地防止滩面被水流冲刷,但护滩带未护部分易被冲刷,特别是护滩带边缘的水流流速较大且紊动剧烈,在其作用下,护滩带边缘被淘刷而形成陡坡,造成排体不均匀变形甚至排体悬空,进而排布外露老化,强度降低,导致排布撕裂,造成护滩带破坏。另外是渗透水流。渗透水流能从护滩带底部破坏被保护的滩体,形成局部沉降或者鼓包,护滩带不能适应较大的变形时就容易被破坏。还有是漫滩水流对滩尾的冲刷。水流流过护滩带,尚有足够的动力,回落在滩面,对护滩带下游未被保护的滩面形成冲刷,开始会在滩面上形成细小的沙纹,随着冲刷的发展,沙纹逐渐扩大并贯穿整个滩面,并在护滩带尾部形成类似于丁坝的结构,水流在流过时形成漩涡,更增大了滩面的冲刷,随着冲刷深度的增加,冲刷强度逐渐减弱,直至稳定。这种破坏形式也不容忽视。

④施工质量。特别是接缝位置强度直接关系到护滩带的稳定。从现场调研看,排垫撕裂部位往往位于接缝处,接缝处是整个排体强度的薄弱部位,因此,接缝位置的施工质量直接关系到护滩带的稳定。

⑤河床组成。主要与泥沙粒径有关,泥沙粒径的大小决定了河床的可动性。河床的组成与水流条件共同作用下,使得护滩带边缘局部冲刷坑的形成。

(3)水毁机理

通过对边滩滩体周围的水流结构的分析可以知道:试验初期,滩面上的水流流速大于泥沙的起动流速,由于受护滩带的保护,冲刷仅发生在护滩带以外的区域,在护滩带保护下的滩面尚未能产生冲刷变形。

随着冲刷的发展,未受保护的滩面逐渐刷低,护滩带周边的水流变得很紊乱,漩涡的尺度也急剧扩张,因此加剧了其周边局部范围内河床的冲刷。特别是护滩带头部,因贴近护滩带边缘流速较大,紊动强度较大,冲刷比其他地方严重,因此护滩带头部较早出现局部冲刷变形,紧接着两侧也开始出现蛰陷,使护滩带相对突出于河床上。随着护滩带周围滩面的继续冲刷降低，护滩带头部和两侧不断向下塌陷，中间受护滩带保护的滩面更加突出在床面上，形成类似淹没丁坝的水流结构形式。这时滩面的冲刷除了一般冲刷之外，更重要的是漩涡水流作用造成的局部冲刷。特别是在护滩带头部由于流速加大，形成丁坝结构形式后，护滩带头部水流紊动强度变得更大，河床冲刷变形较强。由于护滩带前后形成的漩涡水流，不断地将床面泥沙卷起，并随水流带向下游，在漩涡水流的作用下，局部冲刷坑不断冲深加大。

由于护滩带的变形，致使护块之间的力随即产生变化，经研究发现导致排体撕裂、混凝土块移动或滑落、系结条断裂的主要原因不是长时间恒定力，而是变形过程中产生的瞬间突变力。

根据动床试验过程中对护滩建筑物损毁过程的观测，护滩带护滩后，由于护滩带隔离了具有较大流速的水流直接作用于受护滩面，使得受保护的滩面难以冲刷，而未铺设护滩带的滩面及河槽在受较大流速水流的作用下，滩槽泥沙大量起动，首先发生冲刷下切。

随着护滩带边缘未护滩面的不断刷深，护滩带及所护滩面形同淹没坝体凸起于周边滩面，周边水流出现涡旋，紊动强烈，护滩带边缘滩面泥沙不断被淘刷形成冲刷坑，此时，冲刷坑较小，同时护滩带整体具有一定延展性（适应一定河床变形的能力），护滩带逐渐下降（塌陷）将边缘冲刷坑逐渐覆盖，当床面下切到一定程度或发生不均匀冲刷，且冲刷下切强度超过护滩带的变形能力时（冲刷坑较大），因护滩带块体本身为刚性构件，使得护滩带边缘部分出现“架空、悬挂”现象，尤其在滩脚附近，流速大，护滩带及所护滩面凸起相对明显，水流淘刷护滩带附近泥沙强烈，出现撕裂破坏。

随着护滩带边缘“架空”现象的出现，水流行进护滩带边缘时将不断淘刷护滩带下滩面泥沙，由于淘刷的不均匀性，护滩带与滩面间出现空隙，水流从护滩带下部穿过，直接作用于受护滩面；此外，由于护滩带表面不同部位流速不同，根据伯努利方程，流速大的部位对应压力小，流速小的部位压力大，造成护滩带底下不同位置的压力差。由于护滩带下不同部位泥沙的各向异性，使得护滩带底下泥沙发生运动，从而有些部位的护滩带发生鼓包现象，有些部位的护滩带出现塌陷，当护滩带下泥沙冲淤变形的幅度大于护滩带变形能力时，护滩带出现撕裂破坏。

3.4.2 坝体结构水毁

1）水毁形式

鱼骨坝在航道整治中起着重要的作用，但在水流的长期作用下，往往会出现水毁现象，从而影响到整治的效果，甚至危及船舶航行安全。据1994年12月对岷江工程复查发现，由于建筑物水毁严重，航道变浅，弯曲半径减小，船只减载航行，营运效益差，且每年用于整治建筑物水毁工程的修复费用也比较高。

影响鱼骨坝水毁的因素主要有水流泥沙动力、结构设计、工程施工、维护管理及人为破坏等因素。这些因素之间相互影响，相互作用，使整治建筑物受到不同程度的破坏。其中水流动力因素是导致鱼骨坝水毁的重要原因。

水流的作用往往通过冲刷后鱼骨坝工程附近边界条件的改变而出现水毁。如迎流顶冲引起建筑物的局部破坏或冲刷，汊道进出口和急弯进口的横向水流引起的水毁，因河床变形作用淘蚀工程基础而导致建筑物水毁，推移质底沙、漂浮物以及风、浪及自然灾害的作用也使建筑物结构的稳定性受到影响。

有些鱼骨坝水毁是因结构设计的不合理或坝体材料的不合适引起的。具体表现在急流顶冲点上的坝体和护脚棱体设计断面尺寸偏小、坝体位置不当、坝根位置偏低、坝体材料整体性差以及强度低等。

在维护管理方面，由于整治建筑物维修不及时，管理不科学，也会造成工程的进一步恶化而毁坏。如岷江九龙滩在 1994 年 8 月 8 日发现左导流顺坝急流顶冲点处出现宽约 15m、深约 1.0m 的溃缺口，由于当时正值汛期，未及时抢修补缺，于是缺口迅速拓宽冲深，到 11 月初缺口扩到宽 50m、水深 9.6m、分流量 50% 以上。匮缺处坡降陡（水位差1.0m左右）、水流急（流速 3 ~4m/s）、流态乱、滩势恶化。

另外，有些鱼骨坝水毁是人为因素造成的。随着城乡建筑业的发展，沿江村民为获取建材利润，汛期后常在建筑物的坝根和坝基处挖沙、采卵石出售；拾取卡落在整治建筑物石缝中的木块，致使坝体松动，整体性破坏，给建筑物带来安全隐患。

从目前鱼骨坝工程的设计和工程实践进展看，仍有许多问题需要进一步研究。如不同布置形式鱼骨坝的局部水流特性与周围河床的冲淤特性，鱼骨坝的方向、长度与汊道分流分沙比的关系，鱼骨坝的易毁部位、水毁特征、防护范围及措施等。

2）水毁机理

（1）鱼骨坝水毁过程分析

对于淹没情况和非淹没情况，鱼骨坝的变形破坏过程有一定的区别。在非淹没情况下，坝体部分出露，水流被坝体分割成两股分别流入两侧汊道内。在冲刷初期，坝体上游的水流，由于受到壅水作用，流速较小，床面泥沙几乎没有起动。随着水流向刺坝 A 两侧坝头流动，流速逐渐加大，在刺坝两侧坝头附近，泥沙开始起动，水流携带泥沙保持较高流速向下游运动。行进至刺坝 B 坝头处，由于属于非淹没情况，仅有部分坝体处于水面以下，但也对水流造成较强的拦截作用，流速有所降低，随后水流绕过刺坝 B 坝头，在刺坝 B 背水面，水面放宽，流速开始加大，对坝头下游的床面泥沙造成淘刷。可以观察到，在刺坝 B 坝头稍下游，泥沙大量起动，并有部分坝头的碎石开始剥落。在两侧汊道内，也开始出现尺度较小的沙纹。随着冲刷历时的增加，刺坝 B 坝体的碎石被大量冲散，在下游成带状落淤。在刺坝 A 的坝头形成较大冲刷坑，水流流过产生涡旋，并携带部分泥沙向下游运动。坝头开始向冲刷坑内塌陷。在两侧汊道内，沙纹进一步发展形成沙波。在冲刷结束后，刺坝 A 坝体高度明显降低，在坝头两侧的冲刷坑内有坝体脱落的碎石。

淹没情况下，在冲刷初期，由于水流漫过鱼骨坝，鱼骨坝的束水作用较非淹没情况下有所减弱。水位在坝体上游开始抬高，随后开始向两侧汊道内分流。但由于坝体处于淹没状态，上层水流仍然保持原来的流向向下游流动，底层水流沿坝体迎水面向两侧流动，绕过坝头后，流速增加，对坝头下游的床面泥沙进行淘刷，形成冲刷坑。漫坝水流在刺坝 A 迎水面位置水位达到最高值，随后开始剧烈下降，在刺坝轴线处形成下沉水流，强烈冲击刺坝坝面。当流量较大时，造成的冲击破坏程度越大。鱼骨坝水毁如图 3.4-6 所示。

（2）鱼骨坝水毁的水动力学分析

从水力特性方面看，刺坝坝头附近的水流紊动明显，一般刺坝的迎流面水位较高，坝轴线处水位最低、流速较大，各刺坝头的流速梯度较大，并存在下沉水流；越接近坝头，纵向、横向和垂向流速的量值相当。因而，各刺坝头在较大流速梯度和垂向流速的作用下，容易遭受破坏,特别是下游刺坝坝头受到的水流作用最明显,更容易遭受到水流的剥蚀。相关试验研究表明,刺坝头遭受到的破坏来自两个方面:一方面是坝头流速梯度和垂向流速较大,坝面块石直接受到水流对其的剥蚀;另一方面坝头流速较大,并在沿坝头面向下的下沉水流作用下,容易形成坝头冲刷坑,坝头冲刷坑的发展将使得坝体基础失稳,从而加剧坝体的破坏。同时发现,同一刺坝的迎流面水位普遍高于背流面水位,坝体淹没时,刺坝的上下游存在较大的局部水面比降,刺坝还遭受到水流对其的剥蚀破坏。

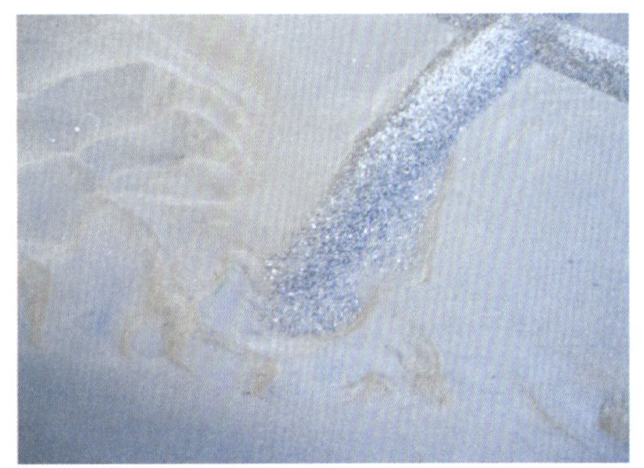

a)坝体部分坍塌

b)刺坝B被冲毁

图 3.4-6 鱼骨坝水毁照片

3.4.3 四面六边透水框架的水毁破坏机理

1)透水框架水毁形式

四面六边透水框架的水毁形式主要表现为:

(1)杆件对接处脱落、杆件断裂等,在水流和泥沙作用下会堆积在一起,导致护滩效果下降。

(2)局部冲刷过大,透水框架滑动形成局部的滩体出露,护滩效果减弱。

2)透水框架水毁机理

透水框架结构的杆件之间是通过预埋在混凝土内部的预留钢筋焊接的,强度很高,并且在实际应用中,除施工中出现焊接不牢等问题外,很少发现水流作用对透水框架本身结构的破坏,所以不必考虑透水框架本身的结构强度,因此对透水框架的变形分析主要考虑框架在水流作用下的位移。四面六边透水框架的水毁形式如图 3.4-7 所示。

a)

b)

图 3.4-7　四面六边透水框架的水毁形式

透水框架的减速促淤机理主要是通过增加水流的阻力,减小水流的流速来达到保滩护岸的目的。同样,透水框架也受到来自水流的冲击作用,当来流的流速达到一定的程度时,透水框架会在水流作用下产生位移。通过动床冲刷试验,观测透水框架群的变形情况,可以分为以下两种情况:

(1)在框架群的下边缘和两侧,由于水流流速比较大,且框架群的外侧没有框架咬合,外侧的透水框架易发生位移。特别是布置在心滩滩缘上的透水框架,由于滩缘具有一定的坡度,透水框架更容易移动。但框架移动的数量较少,范围较小。

(2)在滩面上布置四面体框架,将增加心滩糙率,这必然导致水流在横向的调整,水流偏向两侧汊道集中,透水框架的边缘流速较大,随着冲刷历时的增加,水流对透水框架边缘未护区域发生冲刷,形成冲刷坑。框架在水流冲击下滑动落入坑内。

对于四面透水框架而言,由于框架增大了滩面阻力,水流行进受护滩面时流速减小,使得受保护的滩面难以冲刷,或者上游挟带下来的泥沙在此落淤,进而保护滩体;而未铺设四面透水框架的滩面及河槽在受较大流速水流的作用下,首先发生冲刷下切。由于建筑物透水、消能,建筑物边缘淘刷滩面现象较护滩带弱,同时,由于框架本身为散抛体,随着建筑物附近冲刷坑的发展,框架直接滑落或滚落以填补冲刷坑,适应了滩面的较大变形,使得受冲滩面上仍有四面透水框架,进而继续保护滩体。在滩脚附近由于冲刷坑深而陡,框架散落较多,整体出现散落破坏,由于为散抛物,建筑物本身结构不出现破坏。

第4章　护滩工程平面布置方法

4.1　软体排护滩平面布置

4.1.1　软体排护滩平面布置形式

长江中下游滩体规模通常很大，一般不可能完全守护。根据以上各类滩体冲刷破坏特征，可分别采用集中整体守护、连续守护、间断守护，以及几种守护形式的组合，分别说明如下。

(1)盾形集中守护：对较大范围的滩体施行连片守护，主要用于顶冲部位，多用于受顶冲的洲体头部，通过控制头部，制止滩体上冲下淤、渐次下移。其平面形态犹如盾形。

长江中游太平口水道三八滩头部在纵向水流、横向水流、弯道水道等多种水流的冲刷作用下滩头逐年后退。在三八滩守护工程中有限的工程量中，对三八滩头部长约150m范围安排了集中守护。

采用集中整体守护方式时，守护范围的确定十分重要。应该对滩体水流和冲淤分布进行全面的分析研究，对冲刷强烈的部分尽可能全部纳入守护范围，否则在整体守护范围外会出现强烈冲刷。工程后的效果表明，以上两工程集中整体守护范围偏小，没有覆盖全部强烈冲刷区，在集中守护的下段出现强烈冲刷，滩面出现较大水凼，并对护滩建筑物造成损坏，三八滩尤其严重。

(2)连续守护：对一定宽度滩体纵向采用不间断守护。多用于滩体外缘、滩脊等。前者用于制止沿体边缘的纵向水流或弯道水流对滩体边缘的冲刷，使滩体维持一定宽度和整体性；后者用于制止横向漫滩水流引起的滩脊刷低，使滩体保持一定高度。

对滩体边缘的守护，其目的有些类似于护岸，即通过对边缘的控制维持边界的稳定，不同的是护岸是对洪水河岸进行控制，岸线以上洲滩仅洪水淹没，作用时间很短，且洲滩上通常有植被覆盖，可以大大降低流速，甚至形成泥沙淤积；而滩体淹没时间长，滩面上为可动性极强的中细沙，没有植被。对滩体边缘采用连续守护的前提是滩体基本位于缓流区，淹没后滩面上的流速较小，滩体的冲刷主要限于自外向里的边缘冲刷。根据这一分析，采用滩体边缘连续守护时，守护的宽度很重要，要能对滩体边缘起冲刷的较大流速区的分布宽度充裕覆盖，同时还要考虑工程后边缘形成的冲刷坑的保护。

对滩脊的连续守护，其作用有些类似于滩脊顺坝，意图在于控制滩脊高程，使其对横向漫滩水流起到控制作用，滩体上形成横向窜沟，产生滩体两侧水流和泥沙的交换，造成航槽淤，如罗湖洲心滩守护罗湖洲洲头滩(长护滩带)。由于滩脊连续守护软体排要考虑足够宽度，使其既要起到拦截漫滩水流的作用，又要能控制在水流作用下护滩建筑物两侧的变形。要对滩体上的漫滩水流进行全面分析，对漫滩水流相对集中、产生窜沟频率较大的部位要适当加强。

（3）间断守护：对一定范围滩体布置与流向基本垂直或较大交角的带状守护，或网格状守护。其适于主要由纵向水流造成的沿程冲刷；以及滩面大范围、相对均匀的冲刷。间断守护主要用于控制滩体范围和整体高程。

带状间断守护设计指导思想是预期护滩建筑物起到类似丁坝作用。当滩体在水流作用下发生冲刷时，已布置护滩建筑物的滩体将维持原状，未守护的滩体将因水流冲刷而高程降低，当这种作用发展到一定程度，已守护的长条形滩地相对凸起，类似在床面上堆垒起的丁坝，可对水流起挑流作用，从而对滩体起到保护作用。网格状守护作用与条形守护作用原理类似，相当于在条状守护的基础上再加密，适用于以边缘冲刷为主、同时滩面也有一定程度漫滩水流冲刷的滩体。间断守护可起到维持滩体总体轮廓（包括总体高度）的作用。

界牌长旺洲边滩守护采用了间断守护。界牌河段为顺直放宽河道，河道滩槽平面分布极不稳定，多数条件下上段左岸边为深槽，右岸为长旺洲边滩；当主流右摆时，长旺洲边滩冲刷直至解体。根据工程治理目标，需要对长旺洲边滩进行控制守护，以维持滩槽稳定。设计上布置了14道丁坝。由于工程实施时滩体完整，且高程绝大多数超过整治水位，因此大部分以护滩代替了丁坝。这是长江航道整治最早的护滩建筑物。工程实施后滩体外缘受冲，护滩部分依次出露，起到丁坝作用，总体上对滩体起到控制作用；但建筑物头部也出现了损毁，随着损毁的扩大，护滩建筑物有所缩短。

类似的还有周公堤水道蛟子渊边滩实施的应急守护工程。1998年特大洪水后，周公堤水道上段主流上提、左移，使受冲后退，过渡段航槽恢复摆动。为制止边滩进一步冲刷后退，在蛟子渊边滩头部布置了三道护滩建筑物。工程后产生预期效果。

（4）组合方式守护：长江中下游滩体规模通常很大，滩体的不同部位水流特性、冲刷条件不同，在布置护滩建筑物时，需要针对不同条件采用不同守护形式。

上述东流老虎滩滩面存在漫滩水流，头部受顶冲，上段左右缘受纵向水流冲刷，尾部主要位于水流交汇区，冲刷作用较弱。针对这一特点，首先确定守护范围主要为中上段。在建筑物的具体布置时，对头部采用了集中整体守护，对左右缘及滩脊采用连续守护，对以漫滩水流冲刷为主的范围采用间断守护。工程效果表明，这种布局总体上是合理的，但上段整体守护范围偏小。如图4.1-1～图4.1-3所示。

图4.1-1 长江沙市三八滩整体守护型守护实景图

4.1.2 软体排护滩效果

长江航道规划设计研究院利用长江中游沙市河段航道整治工程建立的物理模型，对三八滩采用不同软体排平面布置守护方式的试验效果进行了研究。模型平面比尺 $\lambda_L = 300$；垂直比尺 $\lambda_h = 100$。模型变率 $\eta = 3.0$，模型沙选用 $\rho_s = 1.39 t/m^3$ 的宁夏无烟煤。软体排结构模拟采用纤维布表面固定马赛克的形式，基本保持压载质量相似。试验对条状间断守护（不同间距、不同护滩带宽度）、整体守护以及整体守护与间断守护相结合的5种平面布置形式工况进行了研究，具体见表4.1-1～表4.1-3、图4.1-4～图4.1-8。

图4.1-2　长江中游碾子湾水道护滩实景图

图4.1-3　长江下游东流水道集中守护型护滩实景图

工况 **R1** 护滩建筑物主要特征数表(单位:m)　　表4.1-1

建　筑　物	宽　　度	两护滩带之间距离
0号X护滩带	均值128	
2号X护滩带	30	150
3号X护滩带	30	170
4号X护滩带	30	170
5号X护滩带	30	170
6号X护滩带	30	170
7号X护滩带	30	155
1号X护滩带	45	

工况 **R4** 护滩建筑物主要特征数表(单位:m)　　表4.1-2

建　筑　物	宽　　度	两护滩带之间距离
0号X护滩带	均值128	
2号X护滩带	50	150
3号X护滩带	50	170
4号X护滩带	50	170
5号X护滩带	50	170
6号X护滩带	50	170
7号X护滩带	50	155
1号X护滩带	45	

工况 **R5** 护滩建筑物主要特征数表(单位:m)　　表4.1-3

建　筑　物	宽　　度	两护滩带之间距离
0号X护滩带	均值128	
2号X护滩带	30	120
3号X护滩带	30	120
4号X护滩带	30	120
5号X护滩带	30	120
6号X护滩带	30	120
7号X护滩带	30	120
8号X护滩带	30	120
9号X护滩带	30	120
1号X护滩带	45	

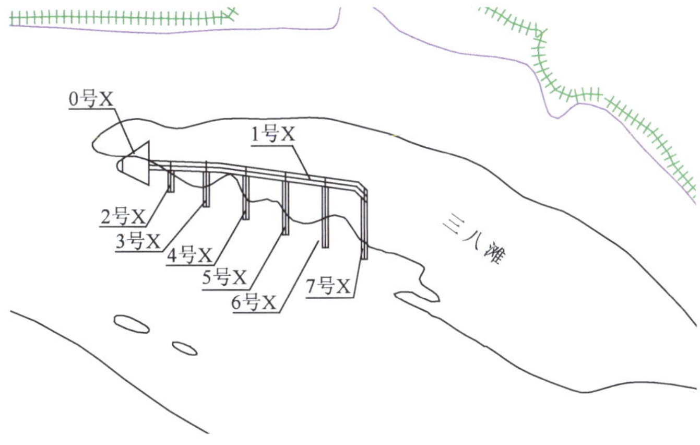

图4.1-4　工况R1护滩带平面布置图

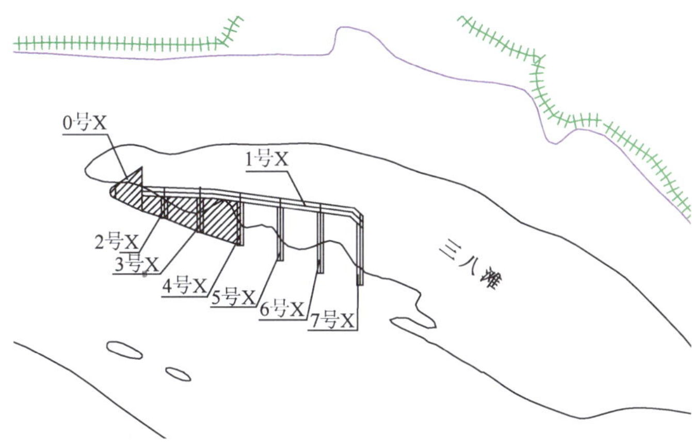

图4.1-5　工况R2护滩带平面布置图

图4.1-6　工况R3护滩带平面布置图

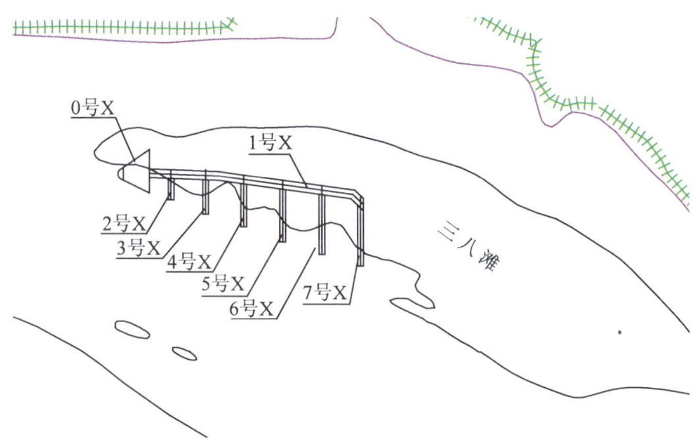

图 4.1-7 工况 R4 护滩带平面布置图

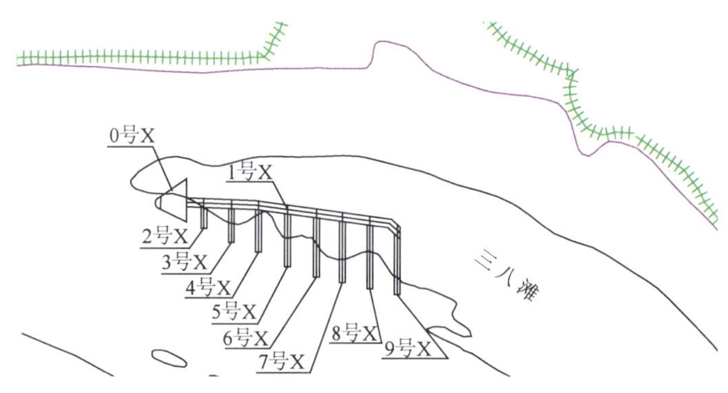

图 4.1-8 工况 R5 护滩带平面布置图

模型试验起始地形按照2005年9月10日原型实测的比例为1:10000的地形图制作，试验水沙条件从2005年9月10日至12月31日，然后接着从2005年1月1日至12月31日，相当于经历一个退水期加上一个水文年，来水过程中最大流量为41017m^3/s，基本接近三峡工程蓄水运用后沙市河段的安全下泄流量，流量为12465m^3/s时基本与沙市河段三八滩的平滩流量相当，此时水流对护滩整治建筑物的作用较明显，上游来沙量按2005年同期实测沙量考虑。

试验成果表明，工况R1软体排宽度较R4要小，护滩效果较工况R4差，这是由于软体排宽度较小时，水流的冲刷导致软体排头部和两侧变形，随着周边河床刷低，护滩排形成类似丁坝的形态，对水流的干扰会更加剧烈，由于排体宽度较小，两侧变形范围加大至一定程度，护滩带将失去稳定，丧失护滩作用；当软体排间距较小（工况R5）时，滩体及软体排冲刷破坏较小；由于工况R2的2号至4号软体排区域采取整体守护，工况R3全部采取整体守护，无论是从守护效果还是从建筑物的稳定性来看，都要好于其他方案。

整体守护方式是最不经济的、不科学的，除了对类似于三八滩这样地处重要位置，且直接受水流顶冲、流速较大、流态复杂的心滩外，对于一般的心滩守护来说，是没有必要采取整体守护方式的，关键是要如何保持护滩建筑物的稳定问题，只要能够保持护滩带发生变形后而不破坏,护滩带护滩功能基本不受影响,间隔守护方式也完全能够在一定程度上实现设计者的意图。事实上整体守护方式和集中守护与间隔守护相结合的方式,是间隔守护方式的一种特例,当间隔守护方式的护滩带的间距全部或局部缩小乃至趋于0时,就变成整体守护方式或集中守护与间隔守护相结合的方式,此处最重要的是如何选取护滩带的设计参数(间距和宽度)问题,以及防止护滩带破坏的有效措施。

4.1.3 条状间断守护设计原则

考虑到以切割和平面冲刷为主的边滩,在工程实施以后护滩带周边可能会发生冲刷下沉,而守护的范围内仍维持原有的高程,从而使河床冲刷变形后,护滩带起到坝体的作用,因此,护滩带的布置参照丁坝间距进行布置,成条状间断守护型,主要适用于控制主流横向摆动,且滩体变形以侧蚀为主的河段。

(1)护滩带间距的确定原则

对于用软体排护滩带守护心滩的设计中,护滩带间距和宽度的确定是设计者必须首先考虑的重要问题之一,也是一个十分复杂、目前尚未很好解决的问题,最大的困难是如何选定科学的判别标准问题。根据前期研究成果分析,现从保持所护心滩功能基本不变的原则作为判别标准来解决护滩带的间距问题。因为护滩的目的是稳定心滩免受冲刷破坏,从而达到稳定枯水滩槽形势和航道条件。

软体排护滩建筑物结构不同于丁坝,平铺在滩面的软体排一开始并不会明显增大滩面阻力和抬高上游水位,不会对水流运动产生剧烈的影响,上下护滩带之间也不可能产生相互掩护的作用。若简单套用确定丁坝间距的研究成果来确定软体排护滩带的间距,显然是不合适的。但当排体边缘受水流冲刷而产生蛰陷变形后,相对凸出于滩面上的护滩带将会形成类似丁坝结构形式,滩面变得凸凹不平,心滩阻力将会发生变化。显然,此时滩面阻力 F 是水流流速 U、河床组成(可用河床质中值粒径 D_{50} 表示)、护滩带间距 L 和宽度 B、护滩带相对凸出滩面高度 ΔH 的函数,即,$F=f(U,D_{50},L,B,\Delta H)$。一般长江中下游河床质粒径相差不大,滩面 D_{50} 多在0.2mm左右,在滩地有可能发生最大流速冲刷后,在护滩带稳定的前提下,此时的滩体阻力实际上主要由护滩带间距和滩面冲刷相对高度来决定。

在 $L=0$ 的情况下,即所谓的整体守护心滩,此时滩面不发生冲刷变形,滩体阻力与原滩体基本相同,如果护滩带不发生破坏,这种护滩效果最好,但这种做法既不经济、也没有必要,一般不在特殊场合下不宜采用。

当 $L>0$ 时,在护滩带宽度一定的情况下,滩体阻力主要由护滩带间距和滩面相对冲刷深度决定。

Einstein H. A 和 R. B. Banks(1950)在研究河床阻力叠加问题时,曾在水槽中进行过定床试验,得到"床面高低不平所产生的阻力,是平整床面阻力的2.4倍"的结论。

武汉大学在进行荆江分洪工程模型试验研究时(1953),根据设计要求,模型糙率为0.045,在采用一般加糙措施难以达到要求时,在床面上采取挖槽加糙的办法,使糙率达到0.0447,基本满足试验要求。

上述试验表明,当水流经过凸凹不平的床面时,床面增加了形体阻力,使水流紊动强度加大,水流能量损失增大,水面线升高。所以,当护滩带间距大于0时,一般滩面阻力将会随着护滩带间距的增大而增加,但当护滩带间距增大至某一临界值时,滩面将会产生严重冲刷下切，此时滩面阻力又会出现下降现象。由此看来，适当的护滩带间距，在滩面冲刷变形之后，仍可以维持原滩体阻力基本不变，滩体的功能基本不变，故我们可以用受到冲刷后的滩体对水流的阻力与原滩体基本接近来作为确定护滩带间距的依据。关于此问题尚待今后继续研究，目前在实际工程设计中，可以参照此思路通过试验的方法来决定护滩带的间距。

(2)护滩带宽度的确定原则

软体排护滩带周边因河床冲刷而随之变形，形成类似于丁坝的形状，因此，护滩带的宽度原则上也可以参照在滩面有可能出现最大流速冲刷变形后所形成的丁坝横断面来决定。从安全角度讲，应假定软体排护滩带周围因河床变形蛰陷成接近泥沙的水下休止角、形成稳定坡面时，作为软体排护滩带宽度的设计依据之一。

按照这一设计标准，软体排护滩带设计宽度应为

$$B = \frac{2h_s}{\sin\alpha} + b$$

式中：h_s——从原床面算起的软体排护滩带局部冲刷坑最大深度(m)；

α——床沙的水下休止角(°)；

b——丁坝顶宽(m)，可取为5.0m。

例如，当护滩带两侧最大冲刷深度为10～20m时，由于长江中游河床质中值粒径约为0.2mm，其水下休止角约为33°，若按照床沙形成稳定的坡度计算，护滩带设计宽度可取为40～80m。需要说明的是，此处护滩带边缘冲刷深度，包括因主流逼近边滩引起的滩缘坍陷和河床一般冲刷与护滩带局部冲刷几种情况，因为在实际工程中，护滩带头部位置往往根据规划的整治线来决定，横向护滩带头部只铺设至整治线附近或整治水位附近，相对于主槽来说，护滩带头部一般高于滩缘，在滩缘发生冲刷变形时，护滩带头部首先发生大幅度下沉，并在局部扰流的作用下，继续产生局部冲刷变形。

由于软体排材质不同于一般人工修建的丁坝，形态也没有人工丁坝那么规则，对于其坝体的稳定性应特别重视，除了保证工程施工质量外，必须有足够的宽度以满足变形需要，建议在按照上式确定护滩带宽度时，另乘以一个安全系数k($k=1.2\sim1.5$)。

4.2 坝体结构护滩平面布置

4.2.1 顺坝护滩平面布置

顺坝的主要作用是调整水流流向，使水流沿规划的整治线平顺流动；束窄河床，减小过水面积，增加航槽流速；形成有力的环流，控制横向输沙；调整汊道分流比，改善流态。顺坝对水流结构的改变不太大，沿坝水流较为平顺。

在分汊河段，往往存在两汊道水面高程不一致，在江心洲头部产生横流，妨碍船舶航行。在江心洲头部沿所要固定的心滩滩脊线布置顺坝，拦截洲头横流，改善汊道进口流态，使汊道金库水流平顺是行之有效的整治措施，在分汊河段整治中适用较为广泛。顺坝示意图如图4.2-1、图4.2-2所示。

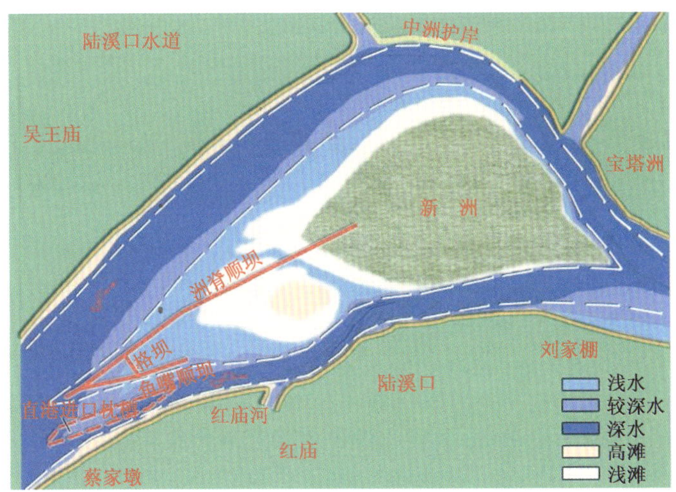

图4.2-1　长江陆溪口新洲的洲脊顺坝示意图

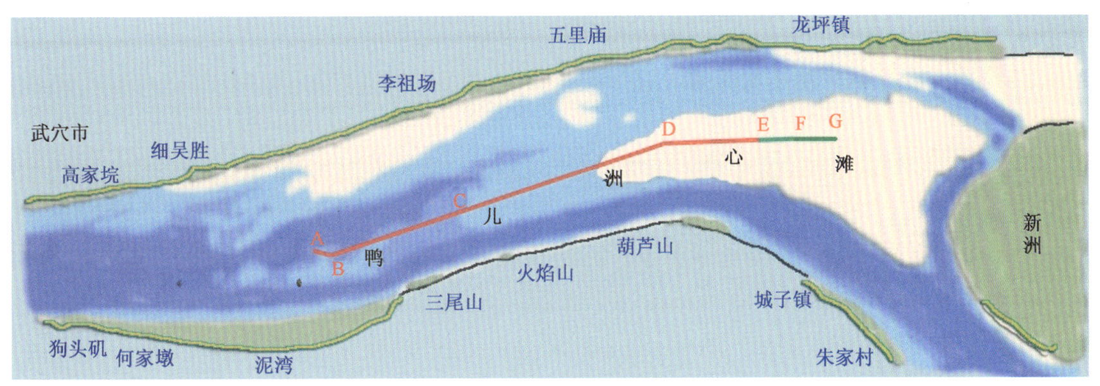

图4.2-2　武穴水道顺坝示意图

4.2.2　丁坝(群)护滩平面布置

丁坝可用于固定边滩，加高边滩高程，并可利用坝田区域泥沙淤积促进边滩淤长。丁坝的数量应根据浅区的长度和边滩的大小而定，通常采用正挑或下挑丁坝，丁坝群的最上游一道丁坝应做成下挑丁坝，以避免坝头水流过于紊乱。

界牌长旺洲边滩守护采用了间断守护。界牌河段为顺直放宽河道，河道滩槽平面分布极不稳定，多数条件下上段左岸边为深槽，右岸为长旺洲边滩；当主流右摆时，长旺洲边滩冲刷直至解体。根据工程治理目标，需要对长旺洲边滩进行控制守护，以维持滩槽稳定。设计上布置了14道丁坝。由于工程实施时滩体完整，且高程绝大多数超过整治水位，因此大部分以护滩代替了丁坝。这是长江航道整治最早的护滩建筑物。工程实施后滩体外缘受冲，护滩部分依次出露，起到丁坝作用，总体上对滩体起到控制作用，但建筑物头部也出现了损毁，随着损毁的扩大，护滩建筑物有所缩短。长江中游界牌河段河势图如图4.2-3所示。

类似的还有周公堤水道蛟子渊边滩实施的应急守护工程。1998年特大洪水发生后，周公堤水道上段主流上提、左移，使受冲后退，过渡段航槽恢复摆动。为制止边滩进一步冲刷后退，在蛟子渊边滩头部布置了三道护滩建筑物。工程后产生预期效果。

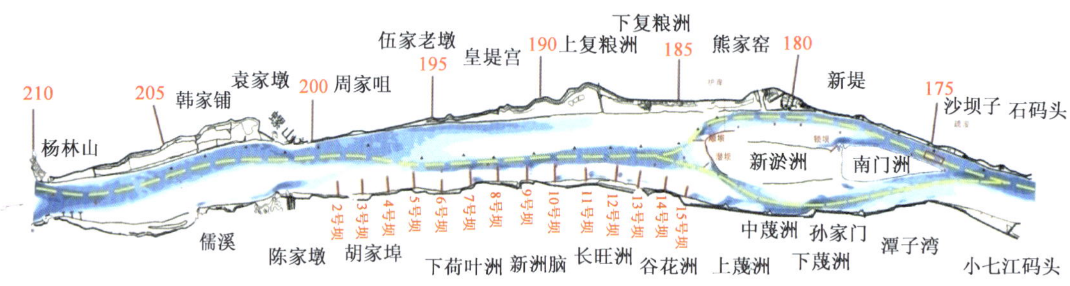

图 4.2-3　长江中游界牌河段河势图

(1)丁坝间距的确定

丁坝间距的大小直接关系到工程效果和工程量,若间距过大,丁坝之间不能互相掩护,达不到控制整治线的目的;若间距太小,则丁坝数量增多,工程量大,造成浪费。

(2)丁坝坝顶高程的确定

丁坝高程一般按照整治水位确定,具体确定方法同整治水位。

4.2.3　鱼骨坝护滩平面布置

1)鱼骨坝平面布置形式

鱼骨坝是在洲头鱼嘴工程基础上发展演变而来的,兼有倒流顺坝和丁坝的功能,其主要作用为固滩和稳定滩头、稳定两侧汊道的分流分沙比。工程实践表明鱼骨坝在稳定心滩、防止滩头冲刷后退或滩体被水流切割等方面能够很好地发挥作用。鱼骨坝平面布置形式如图 4.2-4、图 4.2-5 所示。

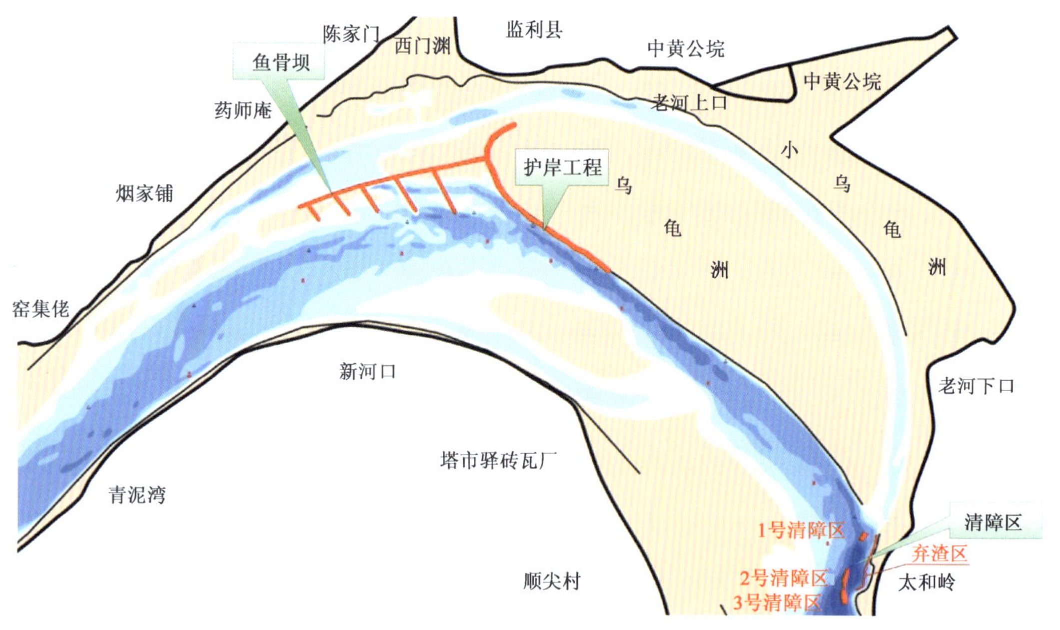

图 4.2-4　监利河段鱼骨坝平面布置示意图

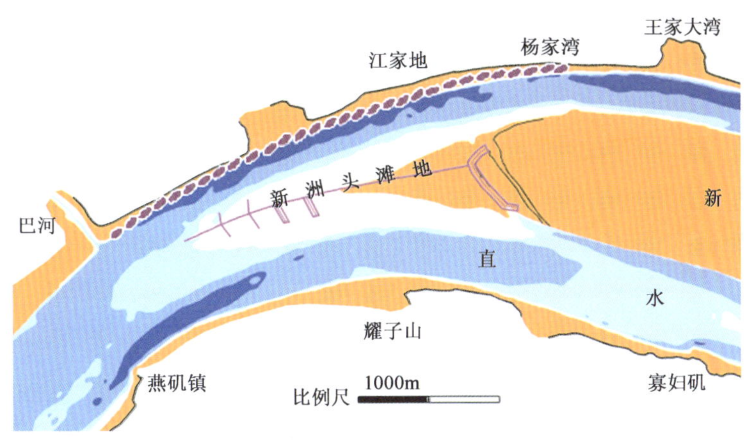

图4.2-5　戴家洲水道鱼骨坝平面布置示意图

2)鱼骨坝高度

对于为了稳定枯水航道滩脊较好的心滩工程,多采用鱼骨坝高程与当地滩面高程基本齐平的形式;对于为了稳定并改善枯水航道条件的心滩守护工程,多采用鱼骨坝高程高于当地滩面高程的形式,使其对水流有一定的调整作用。

对于高出当地滩面高程的鱼骨坝工程,坝顶高程以坝头高程为准(整治水位),向下游和两侧一般有一定的纵、横向坡度,随水位升高,鱼骨坝调整心滩左右两槽进口流速分布和分流比的作用逐渐显现,以达到有利于航道整治的目标。鱼骨坝高程取多高,即整治水位取多高,应以有利于整治建筑物稳定和整治目标的实现来确定。

鱼骨坝高程选择,主要与航道整治目标和当地的滩槽形势有着密切的关系。

当刺坝的高程增加时,对周边水流的影响增大,整治效果也加强;当刺坝的间距减小时,工程对周边水流的控制作用加强,整治效果也较好。虽然通过增加刺坝的高度和减小刺坝间的距离都可以使工程效果加强,但是增加刺坝的高度会使得建筑物周边的冲刷坑加剧,对坝体的稳定不利,因此对需要采取鱼骨坝整治工程措施改善航道条件的碍航水道,在确定整治参数时,应尽量采用整治水位与刺坝间距适度的整治参数的组合,尽量用较低的整治建筑物高程,以有利于整治建筑物稳定和整治目标的实现。

3)鱼骨坝刺坝间距

鱼骨坝刺坝数越多,其对水流的控制越强,对滩体的保护效果越好,但如用软体排间隔护滩一样,布置太多的刺坝,也是不经济、不科学的。合理的刺坝间距实际上是正确处理工程效益和工程投资之间关系的问题。

对于鱼骨坝刺坝间距的确定,目前的研究还很不成熟,对于高程高于所护滩地的鱼骨坝高程的确定,现主要采用以下几种方法。

(1)经验方法

目前工程界常采用以刺坝的某一倍数的经验方法来确定刺坝间距。有的从防止坝田产生较急水流、破坏坝田淤积方面考虑,认为坝间距 S 为上游丁坝长度 b_0 的 1 ~4 倍较为适当。为了满足控制线的要求,有些学者认为刺坝的平均间距应等于 $0.7b_0$,在凹岸和凸岸分别为

$0.35b_0$ 和 $1.5b_0$ 较为合理。

可以借鉴丁坝的布置原则，如我国航道整治工程技术规范第 4.5.1 条要求丁坝间距：在一组丁坝群中，两坝间距 S 与上一条丁坝在过水断面上的有效投影长度 b_0 有关，可参照表 4.2-1 选取。

丁坝间距 表 4.2-1

所处位置	凸岸	凹岸	顺直段
一般丁坝	$S=(1.5\sim3.0)b_0$	$S=(1.0\sim2.0)b_0$	$S=(1.2\sim2.5)b_0$

用经验方法确定刺坝间距，由于它是长期工程实践的总结，因此重新运用于工程中比较安全可靠；但它缺乏理论依据，在不同断面形态和不同水流条件下，只考虑坝长因素的刺坝间距显得过于简单。况且即使是同样的断面形态和水流条件，各人根据自己的经验，可能会得出不同的刺坝间距。

(2)水力学方法

从角涡角度考虑，因为角涡的变化幅度小且角涡内流速很小，甚至出现停滞特性，所以认为在天然河道中，角涡的流速不会导致滩体和河床的冲刷，因此也是坝下游回流范围内护滩最理想最可靠的区域。在下坝群护滩的情况下，以角涡的范围，即 2 倍左右上游坝长的间距设置刺坝是比较合理的，这与实际经验较为吻合。

由于刺坝下游回流区的变动较大，因此间距较大的上下游刺坝间的水流必然不稳定，不利于护滩。如果间距取其角涡的范围，坝田内水流不但比较稳定，而且下游刺坝受到上游刺坝较好的掩护；同时河床也不易冲刷，从而保证了坝体以及滩体的稳定与安全。

根据实测资料，刺坝的回流长度 l 为角涡长度 l_1 的 3.5～4.5 倍。若取刺坝间距 S 与角涡长 l_1 相等，则有 $S=0.25l$。结合回流长度公式得

$$S=\frac{B\ln\dfrac{B}{B-b_0}}{0.28+0.36\dfrac{B}{C_0^2H}}-2.7m\frac{H^{1.67}}{b_0^{0.67}}$$

式中：S——刺坝间距；

B——河宽；

b_0——上游刺坝长度；

H——水深；

m——丁坝边坡；

C_0——系数，$C_0=\dfrac{H^{1/6}}{ng^{1/2}}$；

n——糙率系数。

上式考虑了刺坝长度、边坡和挑角，以及河宽、水深和糙率等因素的影响，从而确定出较为合理的刺坝间距。当然，还可根据河床的抗冲能力与水流流速的相对大小，对计算结果进行修正。

(3)从泥沙起动的角度来考虑

流速在主流范围内沿纵向变化是确定坝间距的主要方面。如图 4.2-6 所示，水流经刺

坝断面后即收缩，至 b 点完全收缩，然后扩大。与此同时，设想水流绕过刺坝坝头后，即行扩散，如图中两条点画线。在 b 点以下几乎全是扩散水流，可以看出，在 ab 段水流流速逐渐增加，至 b 点达到最大，然后流速降低，到 c 点时，流速已达到与起动流速相等的数值，再以下继续降低至建筑坝前的流速，这时泥沙可能淤积，应在 c 点设第二条次坝。

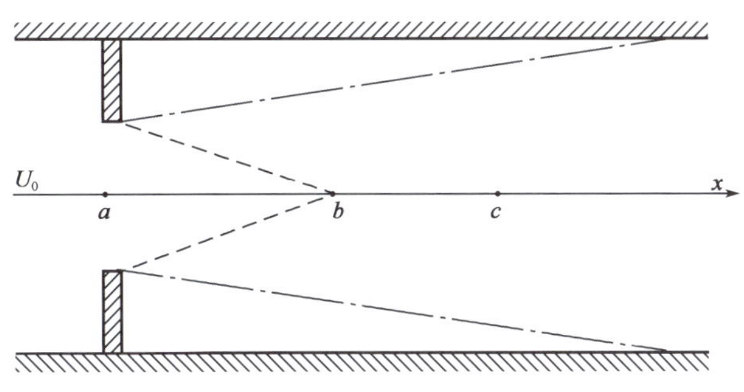

图 4.2-6　流速沿纵向变化示意图

沿河道轴线作图 4.2-7，便可求出坝间距，通过流速最高点 b 作垂线与过 u_a 和起动流速 u_c 的水平线交于 d、e 两点，于是坝间距 S 应为线段 $\overline{ad}+\overline{ec}$，用下式计算：

$$S=\overline{ad}+\overline{ec}=\frac{u_b-u_a}{k_1}+\frac{u_b-u_c}{k_2}$$

式中：u_a——丁坝断面轴线 a 点处流速；

u_b——收缩断面中 b 点处流速；

u_c——泥沙起动流速；

k_1、k_2——线段 $\overline{ab}$ 和 $\overline{bc}$ 的斜率，可通过试验求得。

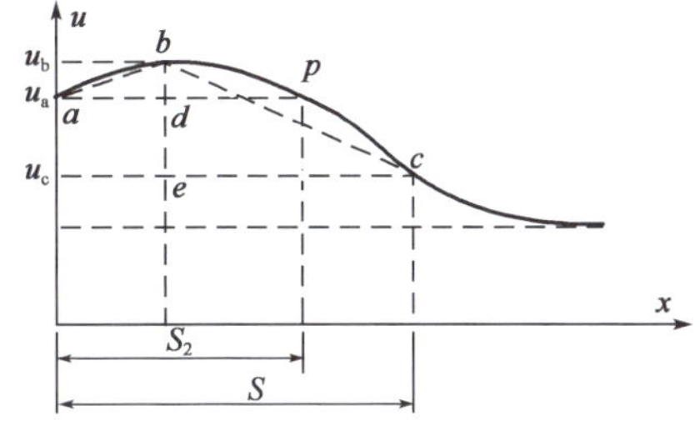

图 4.2-7　刺坝坝后断面平均流速纵向变化图

对于坝顶高程基本与所护滩面齐平的鱼骨坝工程，刺坝间距的选择，原则上也可参考软体排间隔式护滩带间距的确定方法来处理。

在实际工程设计当中，主要通过以上各种方法给出鱼骨坝间距取值的一个大致范围，然后采用模型试验的方法确定。

第 5 章　护滩结构设计方法

5.1　主要构件

5.1.1　排体构件

散抛块体护滩就是在所护区域抛一定厚度的块体作为护滩结构，由于散抛块体护滩的整体型和保沙性较差，总体效果不太理想，在长江中已不再采用。目前，护滩结构常用排体构件有：D 型系接混凝土块压载软体排（以下简称 D 型排）、X 型系接混凝土块压载软体排（以下简称 X 型排）、连锁块排和单元排。

D 型排和 X 型排的压载块与压载块之间没有串联，通过系结条将压载块与排布相连，系结条绑系不牢时，压载块与排布易脱落。而连锁块排和单元排的压载块与压载块通过尼龙绳相互串联成一单位，其整体性相对 D 型排和 X 型排更好，压载块与压载块之间缝隙很小，适应变形能力相对较弱。

D 型排和连锁块排用于施工水位以下部位的河床防护，X 型排和单元排用于施工水位以上部位的河床防护。

（1）D 型排

D 型排采用小型矩形混凝土块作压载体，压载体之间缝隙较大。其结构由排垫和混凝土压载体两大部分组成，单块规格为 50m × 40m（长 × 宽）。

排垫：采用 $250g/m^2$ 的聚丙烯编织布缝制加筋而成，排垫沿排宽方向每隔 50cm 设有一根宽 5cm 的纵向聚丙烯加筋条，用于固定系结条和增加排垫抗拉强度，其长度与排长相同；沿排长方向两端各预留 25cm 用于纵向搭接，每隔 200cm 设一根宽 5cm、长 300cm 的横向聚丙烯加筋条；加筋条与排布之间缝制每两根一组的 100cm 的长丝机织系结条（用于捆绑混凝土块），用于系结压载体，组与组之间的间距为 30cm，每组内两根系结条间隔 20cm。

在排垫纵向边缘一侧一定距离（由根据水流、水深等）不同边缘处设置一根红色检测条，用于检测排体搭接宽度是否满足设计要求，检测条宽 5cm。

混凝土压载体：该压载体为 C20 混凝土块体，平面形状呈现为长方形，其尺寸为 40cm × 26cm × 10cm（长 × 宽 × 厚），其重量为 21.93kg。为与排体系结方便，在两侧长边各设有两个深度为 6cm、宽度为 3cm 的凹槽，凹槽中心间距为 20cm。

D 型排主要材料技术指标见表 5.1-1，构件见图 5.1-1。

（2）X 型排

X 型排采用较大的矩形混凝土块压载体，压载体之间缝隙为 5cm，具有较好的防老化能力。其结构由排垫和混凝土压载体两大部分组成，单块规格为 50m × 28m（长 × 宽）。

D 型排主要材料技术指标 表 5.1-1

名　称	规　格	单位重量	抗拉强度		等效孔径（mm）
			纵向(≥)	横向(≥)	
聚丙烯编织布	14 根 ×15 根(每平方英寸)	250g/m²	2600N/5cm *	2200N/5cm *	0.12 *
聚丙烯加筋条	宽 5cm	50g/m	14000N/根 *	—	
长丝系结条	宽 1.2cm	5.8g/m	1300N/根 *	—	

注:"＊"标注的为强制性指标,允许偏差 5%,其他为参考指标。重量指标起参考作用。

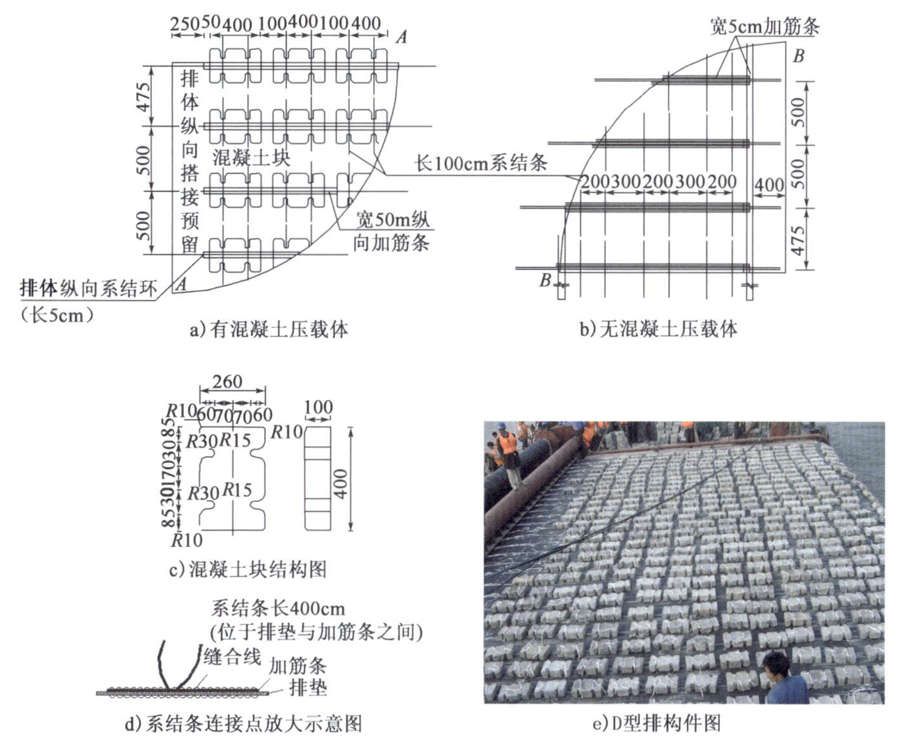

图 5.1-1　D 型排(尺寸单位:mm)

排垫:采用 250g/m² 的聚丙烯编织布(防老化)缝制而成,在实际施工过程中可以根据需要及施工能力加长加宽。沿排体宽度方向每 50cm 设有一根宽 5cm 的纵向聚丙烯加筋条,用作固定系结条和增加排垫抗拉强度,并在排体一侧设预留 45cm 的横向搭接宽度;沿排体长度方向,两端各预留 5cm 用于纵向缝接,在纵向加筋条之下每隔 25cm 固定有一组(两根,间距 20cm)80cm 的长丝机织系结条,用作系结压载体。

混凝土压载体:该压载体为 C20 混凝土块体,平面形状呈现为长方形,其尺寸为 45cm × 40cm ×8cm(长 × 宽 × 厚),其重量为 33.10kg。在混凝土块内沿长度方向预埋两根 1.2cm × 105cm(宽 × 长)的长丝机织系结条,用于与排垫上的系结条系接。为防止阳光辐射造成排布老化,在压载体的空隙内充填碎石。

X 型排主要材料技术指标见表 5.1-2,构件见图 5.1-2。

X 型排主要材料技术指标 表 5.1-2

名　称	规　格	单位重量	抗拉强度		等效孔径(mm)
			纵向(≥)	横向(≥)	
聚丙烯编织布(防老化)	14 根×15 根(每平方英寸)	250g/m²	2600N/5cm *	2200N/5cm *	0.12 *
聚丙烯加筋条(防老化)	宽 5cm	50g/m	14000N/根 *	—	
长丝系结条	宽 1.2cm	5.8g/m	1300N/根 *	—	

注:“ * ”标注的为强制性指标,允许偏差 5%,其他为参考指标。重量指标起参考作用。

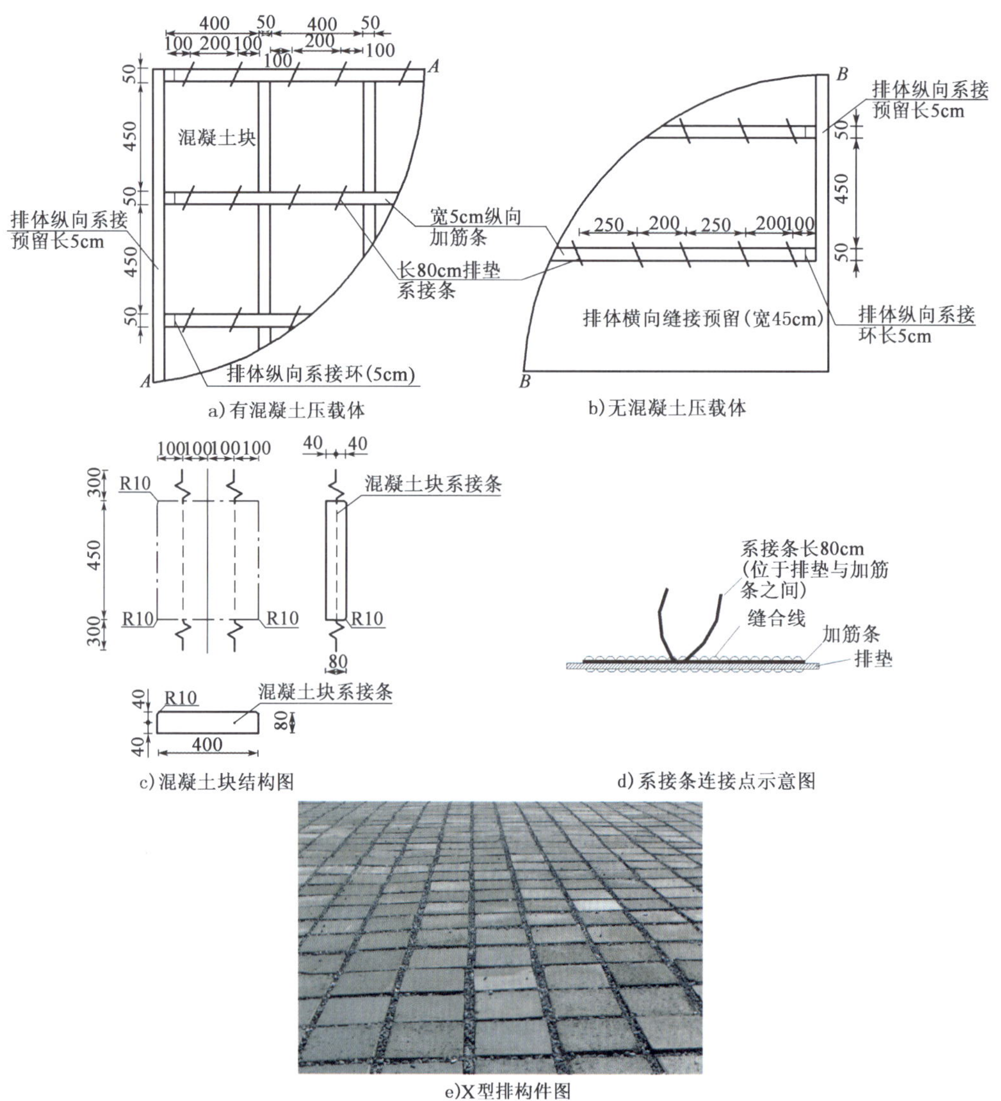

图 5.1-2　X 型排(尺寸单位:mm)

(3)连锁块排

连锁块排主要采用较大的矩形混凝土块压载,压载体之间缝隙较小。该排主要用于风浪和水流冲刷较强的水下河床防护。其结构由排垫和混凝土压载体两大部分组成。

排垫：采用 500g/m^2 复合布，由 350g/m^2 的长丝机织布复合和 150g/m^2 的无纺布复合而成，排垫沿排宽方向每隔 50cm 设有两根宽 5cm 的纵向丙纶加筋条。

压载块体：将预制混凝土连锁块串联成一单元作为连锁块排的压载体。连锁块平面形状呈现为长方形，采用 C20 混凝土，并在混凝土连锁块边缘设置倒角。根据工程区域水流速与破坏机率的不同而采用不同的厚度：混凝土连锁块尺寸有 48cm×48cm×16cm（长×宽×厚）和 48cm×48cm×20cm（长×宽×厚）两种，每平方米 4 块。连锁块单元尺寸为 3.98m×4.98m（长×宽）。

连锁块排主要材料技术指标见表 5.1-3，构件见图 5.1-3。

连锁块排主要材料技术指标　　表 5.1-3

名称	项目		单位	指标
针刺复合土工布（350 机织布 + 150 无纺布）	单位质量		g/m^2	≥500*
	抗拉强度	纵向	N/50mm	>3600*
		横向	N/50mm	>3000*
	延伸率	纵向	%	<35
		横向	%	<30
	梯形撕裂强度	纵向	N	>1300
		横向	N	>1300
	CBR 顶破强度		N	>9000
	孔径 O_{90}		mm	<0.07*
	垂直渗透系数		cm/s	$>1\times10^{-2}$
	抗紫外线（强度保持率）			>90
加筋带	规格（宽度）		mm	50
	单位质量		g/m	>52
	抗拉强度		N	20000*
	延伸率		%	25*
三股丙纶绳	规格（直径）		mm	14
	单位质量		g/m	>90
	抗拉强度		N	24000*
	延伸率		%	>20*

注："*"标注的为强制性指标，允许偏差 5%，其他为参考指标。重量指标起参考作用。

(4) 单元排

单元排为在守护区域直接现浇较小矩形混凝土块压载，压载体之间与连锁块排一样串联成单元的，其缝隙更小。该排主要用于枯水期水位出露的滩面，根据工程区域的水流和河床变形情况，采用排布或无纺布作为排垫；当河床变形较小时，可直接在河床上进行现浇单元排。

目前，采用的单元块为 5.095m×2.905m（长×宽）连片制作，每单元共有 112 块混凝土块。混凝土块采用 C20 混凝土，混凝土块为边长 35cm 的正方形，厚 10cm，重 28.17kg，混凝土块之间距离为15mm,每块混凝土块之间用尼龙绳纵横十字交叉连接,尼龙绳浇筑到混凝土块内,每个混凝土单元块重3.15t。

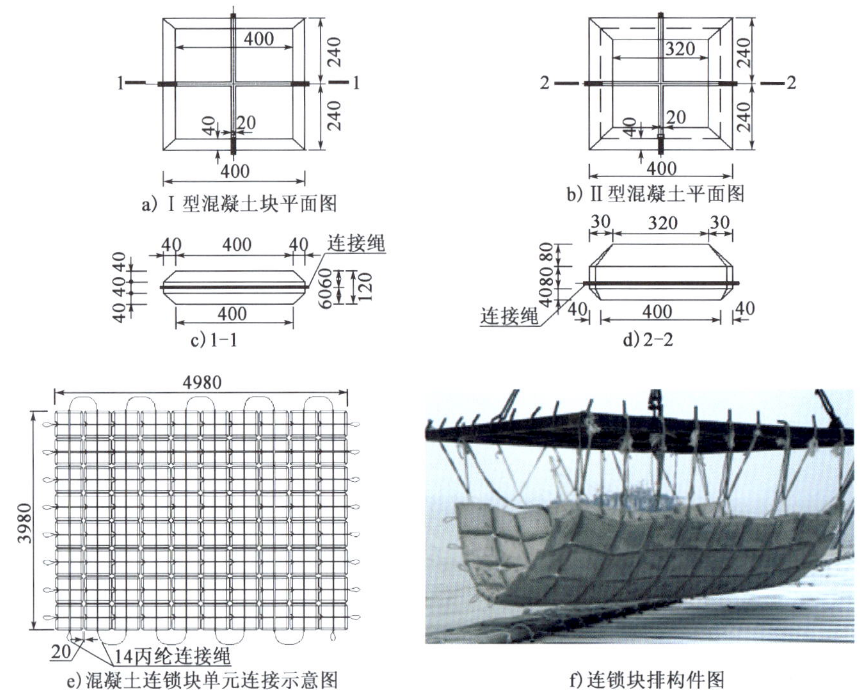

图5.1-3　连锁块排(尺寸单位:mm)

各单元之间的连接,采用先浇筑的单元尼龙绳,向相邻的单元钢模内延伸,将各单元全部连成一体。

现浇混凝土单元排相对于X排具有以下优点:

①压载体相互串联,单元体相互连接,整体性较好,不易脱落错位。

②改变了系结方式,不需要每块系结,压载缝隙可以调节到很小。

③铺排灵活,现浇灵活方便,可以分为多个施工作用面,同时施工。

④现场浇筑,免去了二次搬运和安装,减少了破损率。

单元排构件见图5.1-4。

5.1.2　坝体构件

(1)抛石坝

抛石坝用块石抛筑而成,经久耐用,使用最为广泛,施工简单、维护方便,是国内外采用最为普遍的一种坝体形式。

抛石坝的块石应采用新鲜坚硬的岩石(如花岗岩、砂岩、玄武岩和石灰岩),禁止用已风化岩石和易风化的岩石(如页岩、泥岩和疏松的砾岩等),要求在水中或受冰冻后不崩解,冻融损失率小于1%,自然级配良好,不得使用薄片、片状、尖角等形状的块石。块石湿抗压强度应大于50MPa,软化系数大于0.7,密度不小于$2.65t/m^3$。块石应具有合理的级配,块石之间应嵌砌牢固。

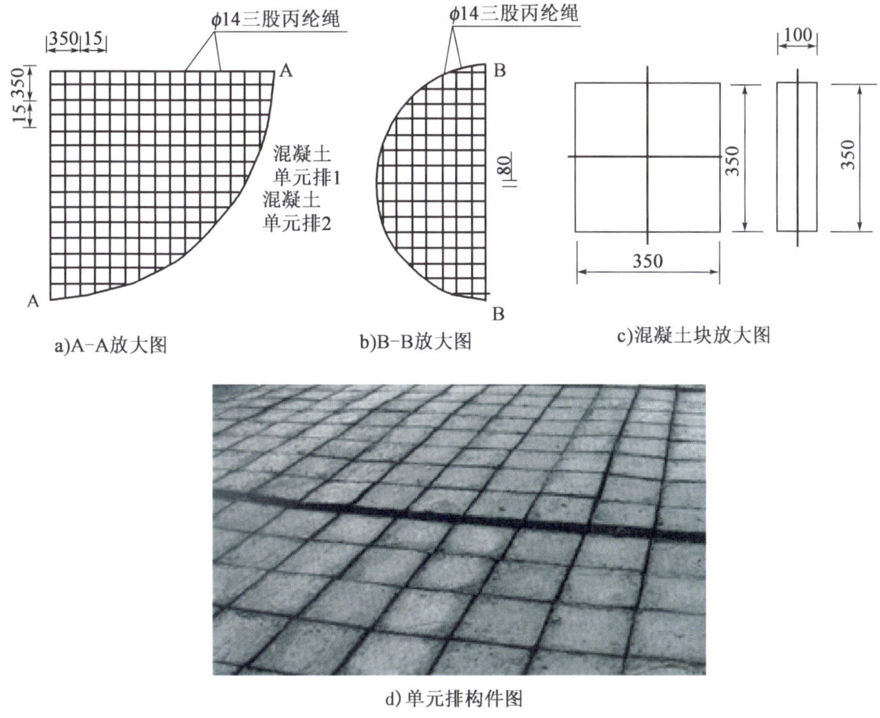

图5.1-4　单元排(尺寸单位:mm)

据长江中下游航道整治工程的实践经验,抛石坝体的块石粒径一般在0.2~0.6m,粒径大于0.40m的比例应大于85%,单块块石重量在11.1~300kg之间,单块块石重量在88.8kg以上的比例应大于85%;其中坝顶应采用较大的块石进行压顶,对于枯水期出露的坝顶应采用较小的块石填实卡牢,或采用干砌或浆砌以加强坝体的整治性。

(2)沉箱坝

充沙沉箱由沉箱构件及其内充填河沙构成。沉箱构件属于对头接沉箱,沉箱构件尺寸为4.25m×4m×4m(长×宽×高),重51.85t,宽度方向两侧外伸脚趾为0.3m,混凝土强度为C30。沉箱构件在顶部设置宽1.4m的充砂孔,四周为封闭的钢筋混凝土箱体,底板厚300mm,其他均为250mm厚。沉箱构件迎水面和两侧面板呈直立式;背水面板在底高1.5m以上为1.25:1斜坡式,1.5m以下为直立式。沉箱坝如图5.1-5所示。

(3)钢丝网兜坝

钢丝网兜由钢丝笼及内装填块石构成。钢丝网兜由经防腐处理的钢丝经机械编制而成的六边形双绞合钢丝网,再由钢丝网做成的袋状结构,内部填充石料。它具备柔韧性和整体性的工程模块。

钢丝网兜采用规格为网面长度2m,网面周长2.98m,钢丝镀高尔凡防腐处理;网孔规格为8×10。由于钢丝笼网眼较小,因此要求石材粒径在10~30cm之间,空隙率不超过30%。钢丝抗拉强度应达到350N/mm^{2}以上,延伸率不低于10%。钢丝网兜主要材料技术指标见表5.1-4,构件见图5.1-6。

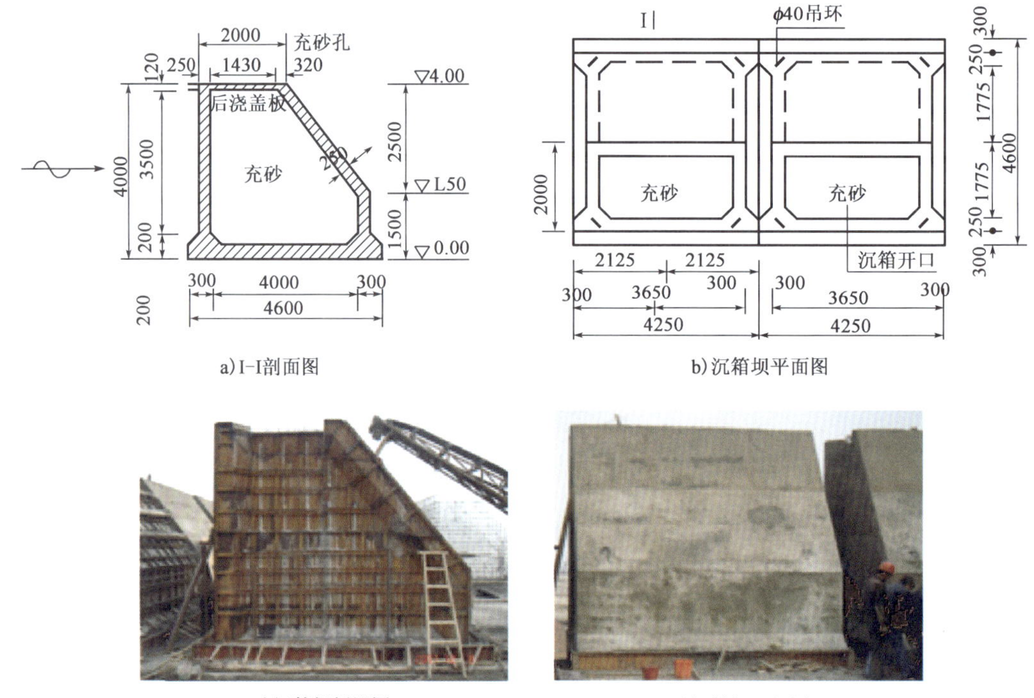

a) I-I剖面图　b) 沉箱坝平面图

c) 沉箱坝侧视图　d) 沉箱坝正视图

图5.1-5　沉箱坝(尺寸单位:mm)

材料主要技术指标　表5.1-4

钢丝类型	单位	网面钢丝	边端钢丝	收口钢丝
钢丝直径(内径)	mm	2.7	3.4	2.7
钢丝公差(±)	mm	0.06	0.07	0.06
最小镀层量	个/m^2	245*	265*	245*
抗拉强度	N/mm^2	350*		

注:"*"标注的为强制性指标,允许偏差5%,其他为参考指标。重量指标起参考作用。

钢丝网兜一般用于工程河段卵石资源丰富,可用卵石作为填充的石材,有利于建筑材料的组织、供应。

(4)空心块体坝

空心块体坝由于有一定的过流量,常用于减缓坝下游侧冲刷为冲淤平衡或需要淤积幅度不大的守护区域;同时在软土地基区域,利用各空心块体之间以及空心块体本身的两个空隙率,降低堤身单位体积的重量以及堤身断面总重量,从而满足软土地基的承载力和整体稳定的要求,另外在一定程度上起到消浪的作用。

空心块体的结构形式为钢筋混凝土空心立方体,对于长江口风浪较大的区域,一般采用边长为2.5m的空心块体,其重量为14.4t。

对于长江中下游对风浪要求较小的区域,常采用边长为1.0m的空心块体,其重量为168.6kg。从三个方向看均有0.4m×0.4m的方孔,边壁0.3m厚,即相当于立方体的6个面均由断面为0.3m×0.3m的4根方柱组成。边壁配长0.8m、直径8mm的钢筋,钢筋数12

根,边壁钢筋混凝土结构(采用 C30 混凝土,边壁混凝土中间含 1 根 $\phi8$ 钢筋)。空心块体的空隙率 $P_1 = 35.2\%$。构件见图 5.1-7。

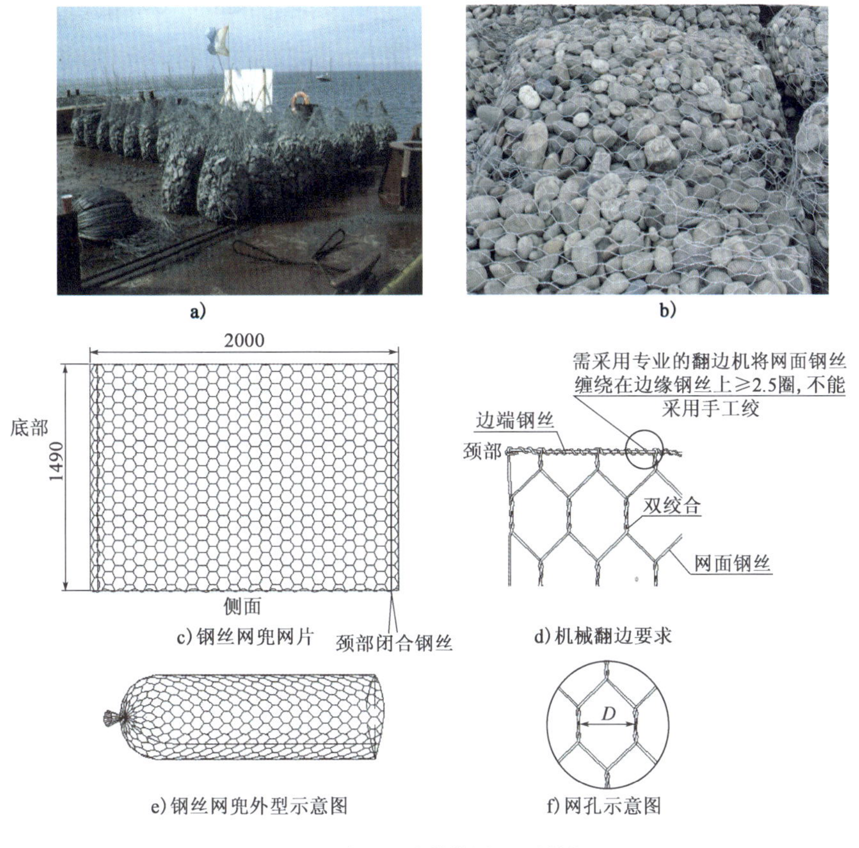

图 5.1-6　钢丝网兜构件图(尺寸单位:mm)

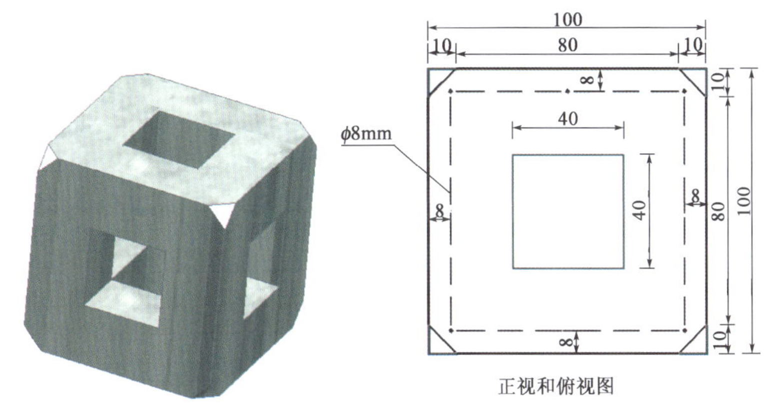

图 5.1-7　空心块体构件图(尺寸单位:mm)

5.1.3　新型构件

1)钢丝网格

钢丝网格的实质为充填满块石的规则的矩形钢丝笼单元体,单元体由底板、隔板、侧板和盖板组成，由低碳钢丝经机器编制而成的双绞合六边钢丝网格构成，在网格中装填块石后，封闭盖板，就形成一个大型的、具备一定柔韧性和整体性的工程模块，具有极强的抗冲性，用来取代常用的块石抛投，以利于自身的稳定。同时，钢丝网格护滩还有环保绿化功能，在较高的滩面上，由于网格表面粗糙，泥沙易于落淤在石笼内，可以长出青草，起到环保绿化的效果，已经在长江航道整治中试验性运用，效果良好。

目前，常用的钢丝网格尺寸主要为6m×2m×0.23m（长×宽×高）和6m×2m×0.17m（长×宽×高），网格尺寸为6cm×8cm，网格钢丝直径为0.2cm，绞边钢丝直径为0.22cm，端丝直径为0.27cm。由于钢丝笼网眼较小，并且需确保石笼垫内至少装填两层以上的石头，因此石材要求粒径在7～15cm之间。

由于钢丝的抗拉强度达到350N/mm^{2}以上，未经编制钢丝的延伸率不低于12%（经过编织加工成品的钢丝延伸率不能低于7%），因此具有高强度、高柔韧性的结构特性。钢丝采用厚镀高尔凡工艺，钢丝采用双绞合六边形金属网格的编制工艺，单个网格在发生破损时，都不会引发相邻的网格的破损，在工程使用中，单个钢丝网石笼垫之间通过相同材质的钢丝铰接，因而具有较好的整体性，对应水流的临界流速可达到4.5m/s，具有较强的抗冲刷能力。

钢丝网格主要材料技术指标见表5.1-5，构件见图5.1-8。

各类材料主要技术指标　　表5.1-5

钢丝类型	单位	网面钢丝	边丝	端丝	绑扎钢丝
钢丝直径（内径）	mm	2.0	2.4	2.7	2.2
钢丝公差（±）	mm	0.05	0.06	0.06	0.06
最小镀层量	个/m^2	215*	230*	245*	230*
抗拉强度	N/mm^2	350*			

注："*"标注的为强制性指标，允许偏差为5%，其他为参考指标。重量指标起参考作用。

2）加筋三维网垫

加筋三维网垫是将发丝状聚丙烯材料挤压于机编六边形双绞合钢丝网面上形成的，具有高效的促淤生态护滩结构，能使得泥沙落淤，有利于植被生长的新型护滩构件。加筋三维网垫通过将聚丙烯塑料和镀高尔凡钢丝相混合，优势互补，可方便人工现场安装，适用于水流流速小于3m/s的新型护滩系统。

目前，采用的加筋三维网垫每卷尺寸为25m×2m×0.012m（长×宽×厚），网格尺寸为6cm×8cm，网格钢丝直径为2.2mm。加筋三维网垫具有如下优点：

（1）适应变形能力强：加筋垫的护滩（坡）系统为柔性结构，遇到小规模变形（由沉陷、结冰、滑坡、膨胀土等引起的）时具有高度的适应性。

（2）高抗拉强度：加筋垫的抗拉强度，根据双绞合金属网网丝直径和网孔大小的不同，可具有30～50kN/m的抗拉强度，因而强度更高，抗拉强度更高。

（3）高抗冲刷能力：加筋垫中的双绞合金属网提高了土工网垫的抗冲刷能力，高速水流以及其他恶劣环境下保持完整的面层，不让下面的土体被侵蚀。

（4）整体性：加筋垫能连接在一起，与其他结构也能有效连接，达到防护系统的连贯性，减少薄弱环节，增加了整体稳定性和抗冲能力。

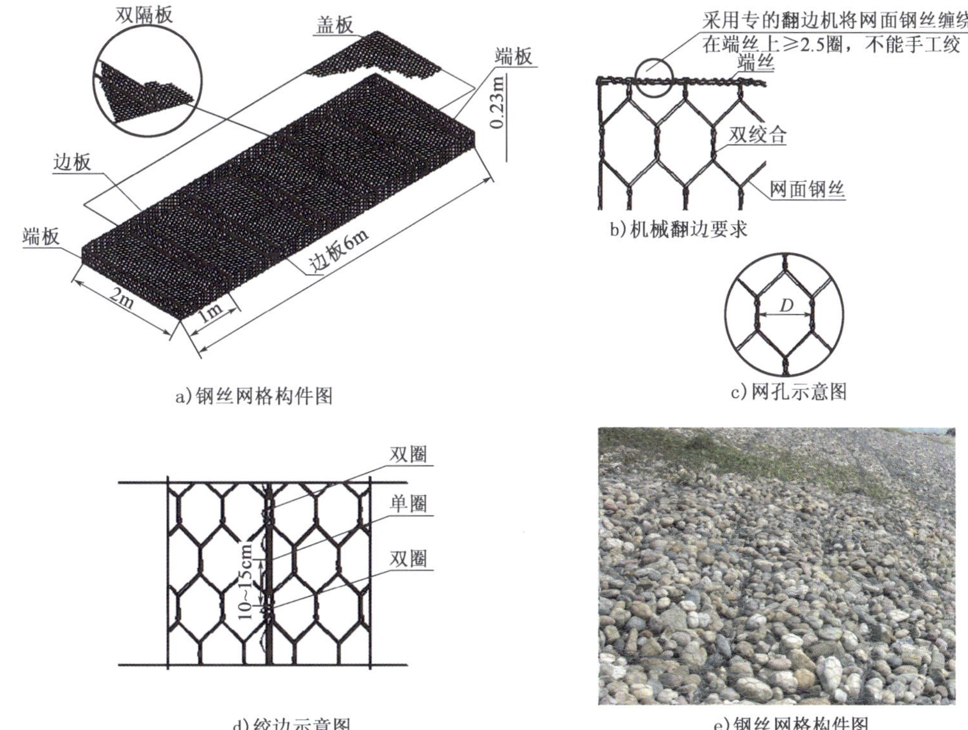

a)钢丝网格构件图　b)机械翻边要求　c)网孔示意图　d)绞边示意图　e)钢丝网格构件图

图 5.1-8　钢丝网格

(5)环保:具有其他柔性铺面材料所有的优点如空隙率高,透水性好,空隙内可以植草,能美化环境的同时形成自然坡面改善生态环境。

(6)施工便捷:加筋垫的双绞合金属网格可与其他结构有效连接,一般无须采用复杂的连接工艺,施工简便。

加筋三维网垫主要材料技术指标见表 5.1-6,构件见图 5.1-9。

各类材料主要技术指标　　表 5.1-6

聚丙烯	单位面积密度 (g/m^2)	熔点 (℃)	密度 (kg/m^2)	抗拉强度 (kN/m)	剥离强度 (N/cm)	空隙指数 (%)
	475	150	900	1.5*	3*	>90*
钢丝	网格类型 (mm)	直径 (mm)	镀层量 (g/m^2)	抗拉强度 (kN/m)		
	6×8	2.2	230*	35*		

注:"*"标注的为强制性指标,允许偏差 5%,其他为参考指标。重量指标起参考作用。

3)透水框架

透水框架具有重心较低,良好的稳定平衡性,当水流通过时,利用本身构件来逐渐消减水流的动能,减缓流速,即使在水流冲击下发生位移、滚动,也能保持高度不变,继续发挥作用。四面六边透水框架在长江航道整治工程中得到了广泛的应用,从运用后的情况看,四面六边透水框架的边缘的淤积情况较好,效果十分理想。目前常用的透水框架杆件长度为

60cm、80cm 和 100cm 三种，一般情况下杆件长度为 60cm，用于水浅或枯水期滩面出露的干滩施工，杆件长度为 100cm，用于流速较大和水流顶冲部位，其余情况一般采用 80cm 的杆件。

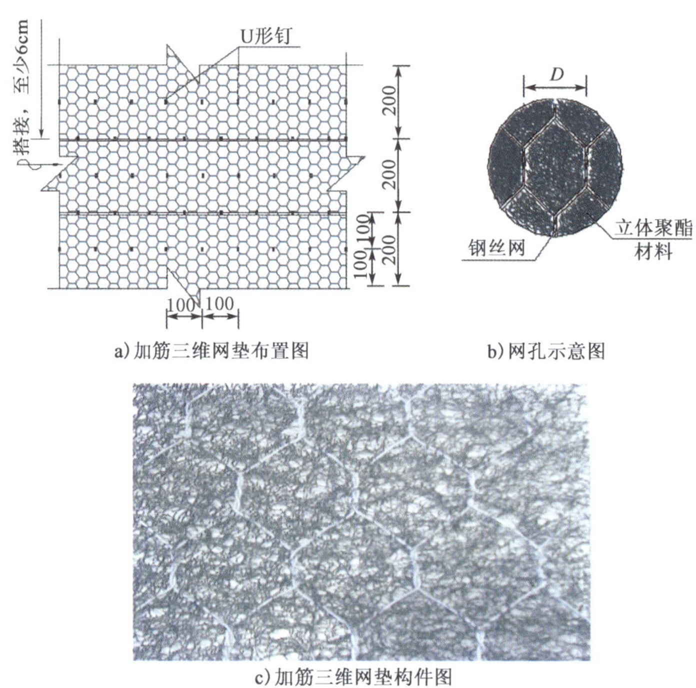

图 5.1-9　加筋三维网垫（尺寸单位：cm）

（1）杆件焊接的四面六边透水框架

四面六边透水框架是由 6 根相同长度的杆件焊接而成的正四面体结构。预制混凝土透水框架结构，由 6 根横截面均为 10cm × 10cm，相互焊接而成透空的三角形四面体，钢筋外露处涂油漆防锈，要求先涂一遍防锈漆，再涂两遍调和漆。杆件为钢筋混凝土结构（采用 C20 混凝土，混凝土中间含 1 根 $\phi10$ 钢筋，两端各露出 13cm 用于杆件焊接）。

杆件焊接的四面六边透水框架为 6 根杆件预制后，再将杆件两端伸出的钢筋进行焊接拼装而成。一个焊接点需要焊接 3 根杆件，且 3 根杆件需要两两成 60°的夹角，对焊接难度大，质量难以保证，在焊接处易生锈，从而导致杆件散架失去应有的防冲促淤功能。如图 5.1-10所示。

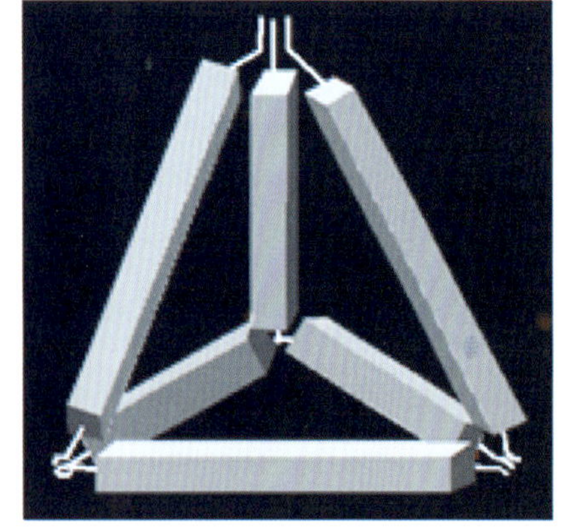

图 5.1-10　杆件焊接四面六边透水框架构件图

（2）一次成型四面六边透水框架

为了从根本上解决杆件焊接的四面六边透水框架焊接点生锈、杆件散架等问题，将四面六边透水框架优化为整体预制一次成型的四面六边透水框架。由于一次成型的四面六边透水框架钢筋不外露，大大提高了使用寿命，但对预制脱模、预制场地规模等方面要求较高。

一次成型四面六边透水框架结构由上下两部分组成：上部结构的杆件横截面为梯形 + 圆弧，截面两侧的宽度为 10cm × 10cm 的尺寸；下部结构由 3 根杆件联结而成，杆件内只设置一根钢筋，钢筋长 231.4cm，杆件横截面为梯形，尺寸为 9cm × 10cm × 10cm。上部 3 根杆件内各设置 1 根 $\phi10$ 钢筋，钢筋长75.17cm。钢筋均在混凝土内部，不外露。如图 5.1-11 所示。

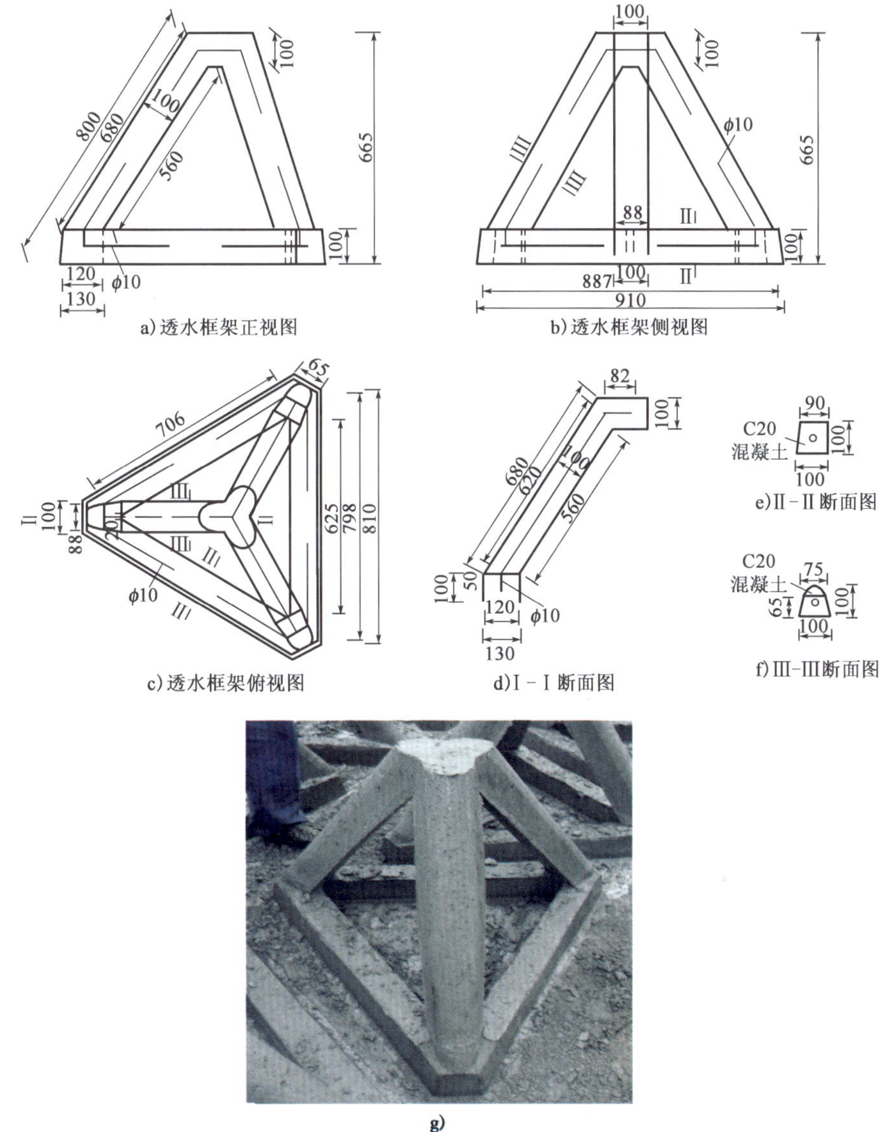

图 5.1-11　一次成型四面六边透水框架构件图（尺寸单位：mm）

（3）双工字形透水框架

下工字形构件：在其腹板内布置两根 $\phi8$ 钢筋，在其翼缘内各布置 1 根 $\phi8$ 钢筋。连接部位为两根出露的螺栓（M10 × 150），置于腹板中间部位，并与其内置的两根 $\phi8$ 钢筋焊接，并从腹板上表面出露，出露长度为 80mm，两个出露点间距 148mm。

上工字形构件：在其腹板内布置两根 $\phi8$ 钢筋，在其翼缘内各布置 1 根 $\phi8$ 钢筋。连接部位为预留双螺栓孔的矩形 Q235 钢板，预留螺栓孔径为 12mm，钢板与内置的两根 $\phi8$ 钢筋焊接；钢板尺寸为 180mm × 80mm × 4mm（长 × 宽 × 厚），中间矩形开孔，矩形开孔尺寸为

100mm×50mm(长×宽);钢板内置于腹板中间,钢板预留有孔的部分在腹板两侧出露,出露宽度为40mm,两预留螺栓孔间距148mm。

下工字形构件出露的螺栓套入上工字形构件的内置钢板预留孔内,通过螺栓连接上、下工字形构件。如图5.1-12所示。

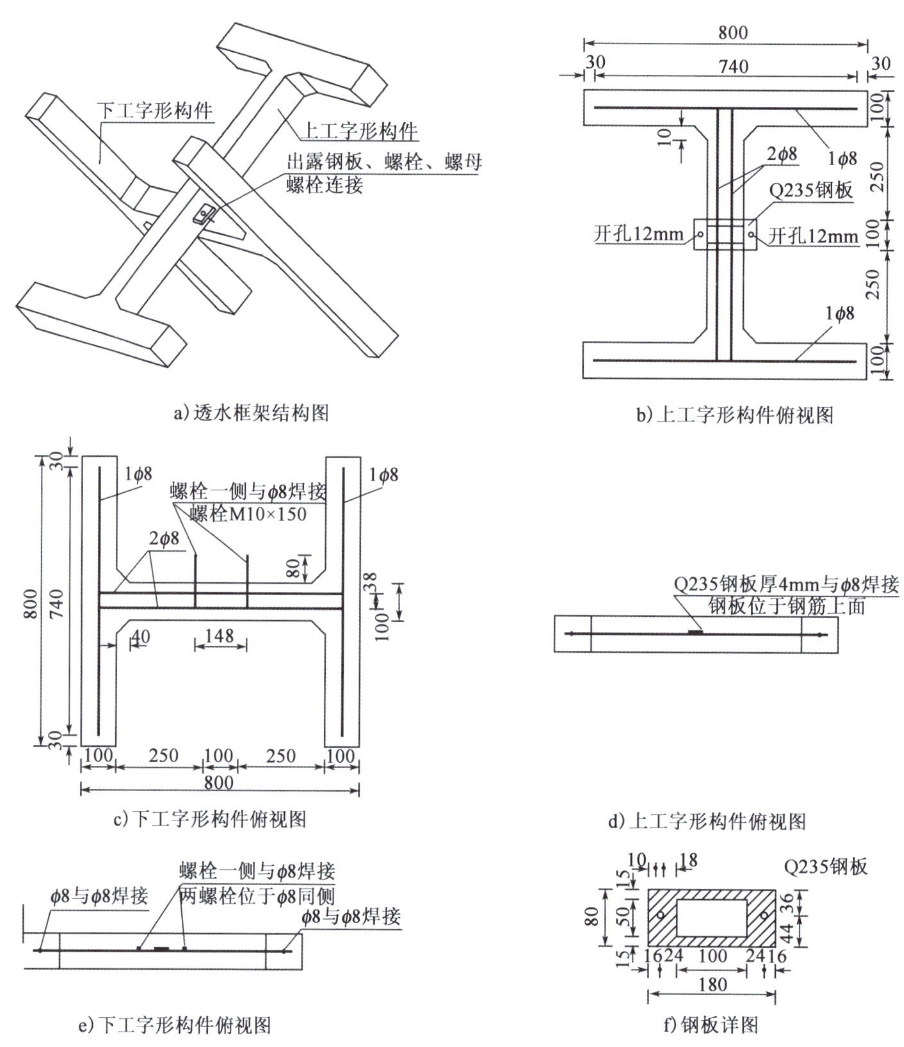

图5.1-12 双工字形透水框架构件图(尺寸单位:mm)

5.2 结构设计

5.2.1 排体结构

对于条形护滩带,根据软体排护滩原理,护滩(底)带分为预期稳定区和预留变形区两大部分。

对于设计水位上3m以下的区域一般采用D型排进行守护,对于冲刷较剧烈、河床变形较大区域采用混凝土联锁块排进行守护；对于设计水位上3m以上的区域一般采用X型排进行守护，对于冲刷较剧烈、河床变形较大区域采用单元排进行守护。

(1)预期稳定区

根据有关研究资料和经验，长江中下游航道整治护滩(底)带预期稳定区一般位于护滩(底)带中间纵轴线区域，对于年际冲刷幅度不大，预期稳定区宽度为20～30m，对于顶冲部位年际冲刷幅度较大，预期稳定区宽度可加大至50m。

水下D型排守护区域的稳定区，一般在排上沿纵轴线设抛石厚1.5m，其中水流顶冲部位或起挑流作用的抛石厚度可加厚至2.0m。陆上X型排守护区域的稳定区，根据河床的冲淤变化情况一般抛石厚1.0m，当冲淤幅度很小时，X型排上可以不设抛石。

(2)预留变形区

预留变形区的守护范围，一般根据工程实施后，模型试验和理论计算冲刷坑的大小而定。根据经验上游预留变形区宽度一般为60m，头部预留变形区一般位于河心，处于顶冲部位，下游预留变形区受翻水作用较强，头部和下游预留变形区宽度一般为90m。

对于头部、上游和下游预留变形区排上抛石厚度一般为0.8～1.0m，当处于水流顶冲或起挑流作用的变形区，抛石厚度可加厚至1.2～1.5m。

(3)边缘处理

对于护滩(底)带头部紧靠航道边缘部位，常采用抛石进行边缘处理，其余排边缘以及水深较深的排边缘采用透水框架进行边缘处理。

紧靠航道护滩(底)带头部排边缘10～30m的范围(与排体搭接5～10m)，抛石厚1.0～1.5m，对于抗冲性强的卵石河床抛石厚度可适当减小；护滩带排边缘抛投或铺设透水框架，透水框架宽分别为10～30m(与排体搭接5～10m)，按每平方米两至三层进行控制。另外对于施工水位以上河床采用X型排守护的边缘也可采用开挖基槽，基槽内设铺石进行边缘处理，基槽深不小于1.5m，底宽1m，两边坡比为1:1.5～1:3。

5.2.2 坝体结构

1)抛石坝

(1)坝头

坝头一般处于水流顶冲，承受的动水压力大，并产生绕过坝头的螺旋流，在坝头以下形成冲刷坑，可能引起坝头块石部分塌落。为了保持坝头的相对稳定，在坝头10～20m范围内将坝顶适当加宽，坝头在平面上做成圆滑曲线，坝头至河心呈辐射状逐渐变坡放缓与河底相接，至坝头纵轴线处坡比放缓至1:5。同时，坝头应选用大块石或采用钢丝网兜抛筑坝等，增加坝头的抗冲力。

(2)坝身

坝身在断面上一般为梯形断面。坝顶宽度为3～5m，坝顶一般为平坡或从坝根至坝头成一定的纵坡。坝体上游坡比为1:1.5～1:2，下游坡比为1:2～1:3，对于顺坝两侧坡比一般为1:2～1:3。为保持坝面的稳定，坝顶和坝面应采用较大的块石进行压顶，对于枯水期出露的坝顶应采用较小的块石填实卡牢，或采用干砌或浆砌以加强坝体的整治性。对于长江下游风浪较大处的坝面，一般采用大型的混凝土块体压顶。

根据坝身实际高度，坝高大于4m的坝体，在坝体下游侧设置二级平台，二级平台顶宽

3～10m,外侧边坡与下游侧边坡一致。坝身示意图如图5.2-1所示。

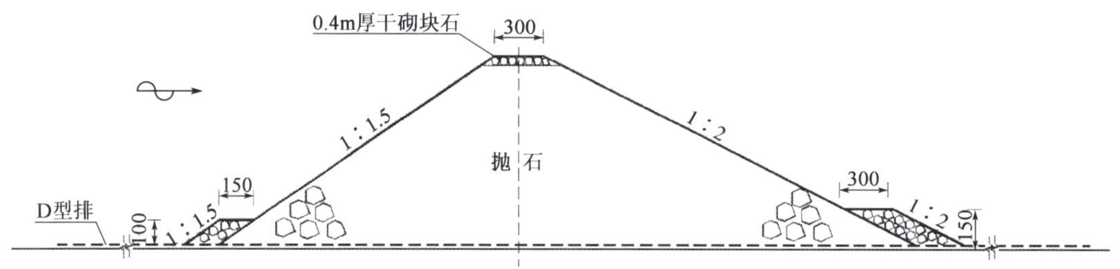

图5.2-1　坝身示意图(尺寸单位:cm)

(3)坝根处理

为了防止中、洪水位时坝根被水流冲刷,导致坝体损毁与岸坡垮塌,要做好坝根的处理。对于根部与岸线或洲滩连接的护滩(底)工程,一般情况下,应进行接岸处理。

对于已有完整护岸,可采用抛石接岸处理,抛石厚度为1.0～1.2m,范围为枯水平台向河心侧20～40m;对于已有散抛石护岸处,可采用筑枯水平台,枯水平台下设抛石接岸处理,抛石厚度为1.0～1.2m,范围为枯水平台向河心侧20～40m;在长江中下游岸坡和洲滩抗冲刷能力较差,对于未护岸处,应按正式护岸进行接岸处理,护岸长度一般在坝体护底宽度基础上上延30m、下延70m。对于高滩缓坡并长有植被的缓流区,宜采用生态防护处理。

另外,对坝根下游侧排上应设满抛石或二级平台进行防冲加强处理。

(4)护底和边缘处理

护底的宽度根据坝体的底部的最大宽度加上预留变形区的宽度,预留变形区的守护范围同排体预留变形区的守护范围,在结构设计上的守护强度较排体预留变形区域的守护强度较强。坝体护底边缘处理的结构设计同排体边缘处理的结构设计。

2)沉箱坝

沉箱坝是一种重力坝,结构是整体的钢筋混凝土沉箱,沉箱上部设置1.4m宽的充砂孔,箱内充填河砂,充填后现浇混凝土以封住充砂孔。这种结构与抛石坝相比,整体性好,不易损坏,且断面较小,抛石量少,建成后维护量少。

沉箱坝坝体主要包括三个部分:抛石基床、充沙沉箱、镇脚棱台。充沙沉箱由沉箱构件及其内充填河沙构成,顶宽2m,高4m,单个沉箱构件长4.25m;充沙沉箱下方设抛石基床,基床顶部高程为坝面下4m,与沉箱构件两侧肩台宽度1m,基床两侧边坡为1∶1;镇脚棱台位于沉箱构件的两侧,棱台迎水面顶宽1.5m,背水面顶宽2m,顶高为坝面下2.5m,左侧边坡为1∶1,右侧边坡为1∶1.5。沉箱坝示意图如图5.2-2所示。

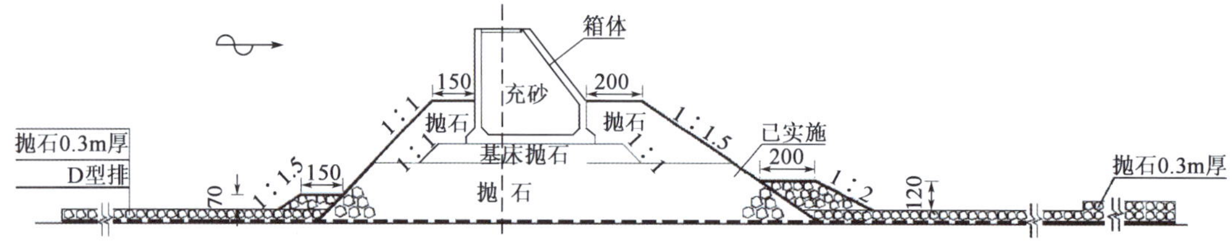

图5.2-2　沉箱坝示意图(尺寸单位:cm)

第6章 护滩工程施工工艺

6.1 构件施工

6.1.1 护滩构件施工

1)D型排

(1)施工准备

施工前,先进行施工区域内的水下测图或扫床,如发现有突出的尖状物则立即采取措施进行处理,防止排体遭受破坏。

(2)定位

在沉排过程中采用GPS进行定位,确保排体按设计要求的位置入水,并保证符合排体搭接要求。

(3)排体沉放

把预先加工好的排布卷入卷筒,在沉放过程中每通条排头通过绑系沉排梁进行固定。排头固定后,排布通过卡排梁平铺于沉排船工作平台上,然后在平台上将混凝土块系结于排布上。排垫上系结一定量的混凝土块后即可松开卷筒和卡排梁,绞动铺排船,让排体沉入河底,当卷筒上排布剩下3m左右时,卡紧卡排梁,将卷筒上的排布退出,卷入下一段排布,两排布进行对接缝合,然后,卷紧排布,松开卡排梁,继续下一段排布沉放,如此反复进行排体沉放,直至达到设计的排长为止。

(4)排体检测

排体沉完后,应及时安排潜水员进行下潜作业,以检查沉排搭接量是否达到设计要求,对于不满足的,应进行补排处理。

D型排施工工艺见图6.1-1。

2)X型排

混凝土块在预制场集中预制,排垫在工厂加工。X型排施工主要包括滩面清理和平整、X型排铺设和碎石填缝三个部分。对于X型排边缘采用开挖基槽铺石回填处理时,还需要增加开挖基槽和基槽回填的施工工艺。

(1)滩面清理和平整

铺设前,首先由人工清理滩面上的树枝等杂物,防止戳破排布,对局部凹凸不平的滩面用推土机进行平整,最后用人工进行精细平整。整理后要求滩面平顺、整洁,坡比不陡于1:10。

(2)X型排铺设

滩面整理完成后,首先放样出每块块体的位置,打放样桩固定。然后由人工铺设排布,使排布铺放平整、平顺,松紧适宜,不得绷拉过紧,不得形成褶皱,酌量考虑缩水率,确保排布与床面紧密贴合。相邻两幅排布横向搭接3m,搭接处上下块排垫上均需系压混凝土块;两块排的纵向搭接采用筋对筋重叠捆绑,并采用 ϕ15mm 尼龙绳连接,用 ϕ1.5mm 尼龙线缝合排垫。排布铺设完毕,应及时绑系混凝土块,以防排布翻卷、移位及受紫外线的照射老化。不能及时铺设混凝土块时,必须采取相应的保护、覆盖措施,混凝土块搬运至排面摆放整齐并与排体系紧接牢。做到满系排体,不留空当。

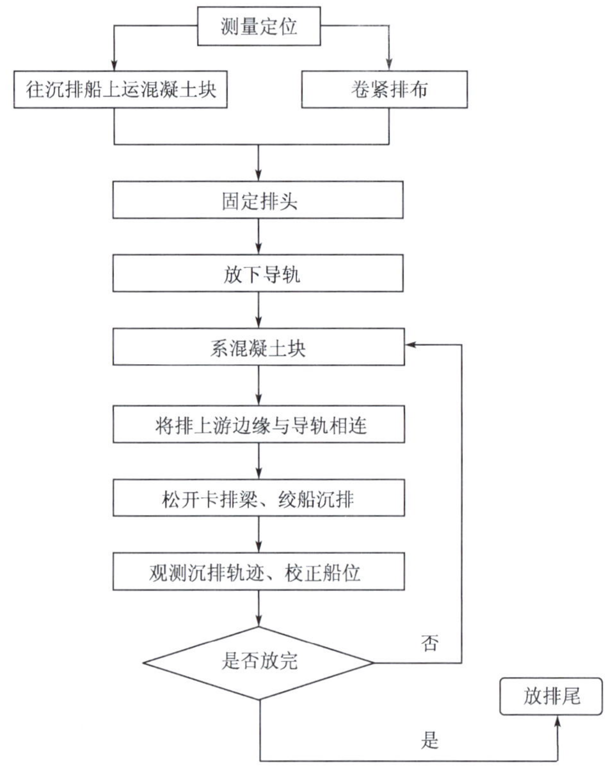

图6.1-1　D型排施工工艺流程图

X型排铺设时,将排垫上的系结条与混凝土块上的系结条紧密绑结,连接好后的混凝土块,在外力作用下不挪动。系结点要求肉眼看不到孔隙,系结条与混凝土块的间隙达到人手插不进的程度。

(3)碎石填缝

每张X型排铺设完后,在48小时内用粒径1～2cm的碎石充填在混凝土块之间的缝隙里,防止排布受到阳光照射而老化,缝隙填充要饱满并铺设均匀。

3)连锁块排

(1)施工准备

施工前,先进行施工区域内的水下测图或扫床,如发现有突出的尖状物则立即采取措施进行处理,防止排体遭受破坏。

(2)定位

在沉排过程中采用RTK实时跟踪指挥其定位,确保排体按设计要求的位置入水,并保证符合排体搭接要求,沉排船由钢缆控制其定位和位移,沉排时要求船舶能平行位移。

(3)排体沉放

把检验合格的软体排布卷上卷筒,在滑板上展开一段。然后将合格的连锁块吊上排布安放,安放时按排体宽度进行,并与排体连成整体,重点控制连锁块与排布的绑扎点数量,确保连锁块紧贴排布。

(4)沉排

在连锁片安放后松开卡排梁及滚筒,利用连锁片自重使排体沿滑板徐徐沉入江底,然后刹紧卡排梁及滚筒,在铺排船上继续安放连锁片。并在控制滚筒及刹车的情况下,开动锚机绞锚,缓慢移动船位,使安放好连锁片的软体排连续不断地沿滑板沉至江底。直至该幅连锁片余排铺设完毕。

(5)检测

沉排完成后,监理人员对每幅排进行检测,检查排体的铺设位置与上幅排的搭接宽度是否满足设计要求,并记录在案。同时根据验评标准,应进行潜水探摸,确保排与排之间搭接满足设计要求。

连锁块软体排施工工艺见图 6.1-2。

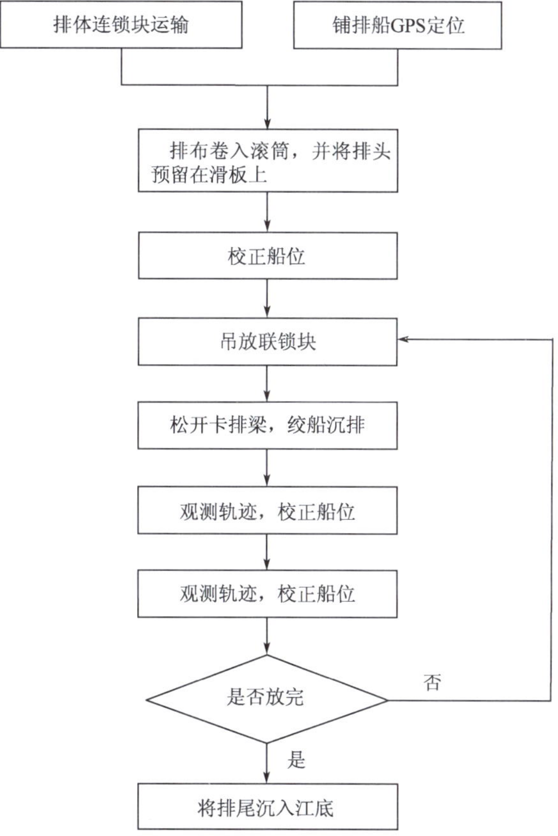

图 6.1-2　连锁块软体排施工工艺流程图

4)单元排

(1)滩面整理

对滩面杂物进行清除,对局部凹凸不平的滩面用推土机进行平整,最后人工进行精细平整。整理后要求滩面平顺、整洁。

(2)放样

滩面整理完成后，首先放样出每块单元的位置，打放样桩固定。

(3)铺设无纺布或排布

按设计要求铺设一层无纺布或排布，无纺布或排布间相互搭接。

(4)现浇混凝土单元

根据设计要求，将模板固定，在混凝土块的模板之间内穿好尼龙绳，并在模板外侧预留8cm长。要求尼龙绳纵横十字交叉连接。将混凝土压载块混合料拌和后放入模板内，与尼龙绳一起浇筑。浇筑时应保证模板水平，模板内混合料饱满，表面抹平，确保光滑。

当上一混凝土单元的剩余尼龙绳长度大于一个混凝土单元长度时，将剩余尼龙绳穿至下一浇筑的单元模板内，进入下一单元排的现浇作业，使各单元连接为整体。当剩余尼龙绳长度小于一个混凝土单元的尺寸时，浇筑下一单元时，应增加新的尼龙绳，新尼龙绳在模板外侧应预留一定的长度，便于两根尼龙绳之间的连接处理。

(5)养护并碎石填缝

要求每块单元与单元之间横平竖直，尼龙绳交错。浇筑完成后，应在12h以内加以覆盖，并浇水养护。混凝土浇水养护日期，掺用缓凝型外加剂或有抗渗要求的混凝土不得小于14d。在混凝土强度达到1.2MPa之前，不得在其上踩或施工振动。养护达到强度要求后，再用绳卡将单元之间的两根尼龙绳进行卡紧。最后用粒径1～2cm的碎石充填在每块单元与单元之间的缝隙里。

6.1.2 坝体构件施工

1)抛石坝体

抛投顺序：坝体抛石顺序是由下至上，由岸边至河心。

(1)抛石准备

做好抛石量方、定位船粗定位等各项准备工作。

(2)计算施工网格抛石工程量

按从上游向下游划分施工网格：先划分大网格，具体尺寸划分根据现场抛石船尺寸确定，将每个大网格再划分为若干个小网格(垂直流向)。然后根据施工网格所在的平面位置，按照设计要求的抛石范围和抛石厚度，计算出各施工网格的抛石量。

(3)抛投参数确定

抛投前，应先测定抛石区的水深和流速，然后根据公式计算和现场试验综合确定抛石漂距。

块石抛入水中，在落入河床之前，在水流作用下，漂移距离(L_d)与流速和水深成正比，可用下式估算和现场试验综合确定：

$$L_d = 0.74VHW^{-1/6}$$

式中：V——表面流速(m/s)；

H——水深(m)；

W——块石重量(kg)。

(4)抛石精确定位

根据测定的漂距及网格的位置,计算定位船位置,将运石船开到抛石区停靠于定位船上,然后利用 GPS 精确定位。

(5)抛石

块石抛投采用机械,要求定点定量,在施工过程中根据两边网格抛投量大小对船位进行调整,抛石过程中做好安全工作。

(6)移位

石驳船通过连接锚缆绞机移位,每次小移动 1.5m,以保证块石抛投覆盖均匀,不留空缺,抛石应均匀,到位率应大于 90% 。

在水上抛石施工完后要及时安排水下地形测量,以检查抛石是否达到设计要求。

2)沉箱坝

沉箱坝主要包括以下六个环节:构件的预制、构件运输、抛石基床整平、构件安装、箱内充砂、现浇混凝土盖面。

(1)构件预制

沉箱构件在预制场进行预制。预制场要求具备固定拌和、流动运输、泵送混凝土入仓和具备 60t 起重能力以上的起重设备。

沉箱构件预制的施工工艺流程如图 6.1-3 所示。

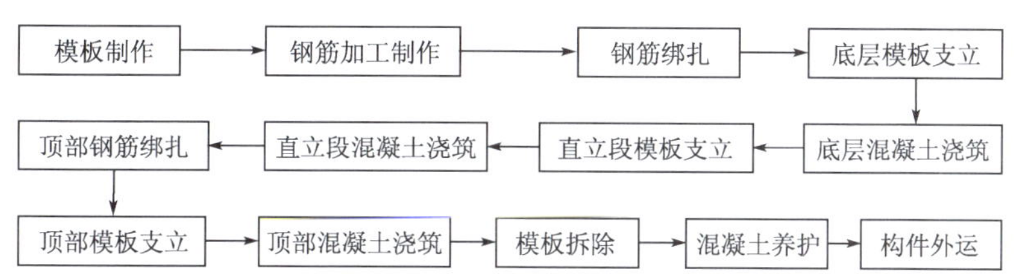

图 6.1-3　沉箱构件预制的施工工艺流程图

①模板制作。

在满足工程质量的前提下,以简便施工为原则,将沉箱坝中的沉箱构件模板制作分为三段:第一段沉箱底模,第二段沉箱内外侧模,第三段沉箱顶部模板。

沉箱坝的沉箱构件模板选材与制作:

a. 沉箱底模采用固定的整体钢模板平台,见图 6.1-4。

b. 沉箱内外侧模、顶部模采用定制的木模板。

c. 加工模板桁架围柃。

d. 检查板面尺寸及平整度合格后,连接桁架围柃,把每片模板连成整体。

e. 连接板面两端及底面夹木条,钉橡胶止浆条,使其达到要求尺寸。

f. 整体验收后刷油待用。

②钢筋加工下料制作与绑扎。

钢筋半成品加工下料制作工艺流程如图 6.1-5a)所示。

钢筋绑扎的工艺流程如图 6.1-5b)所示。

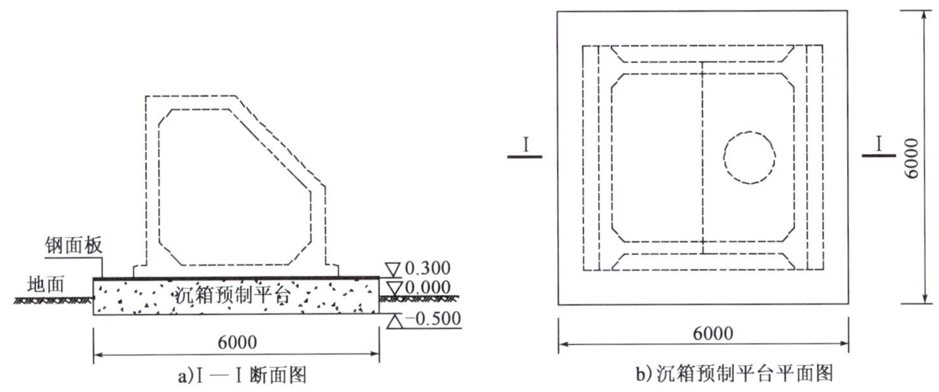

图6.1-4　沉箱整体钢模板平台(尺寸单位:mm)

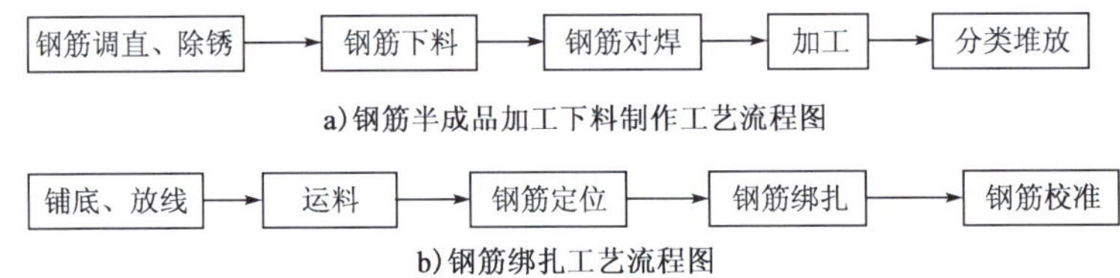

图6.1-5　钢筋加工下料制作与绑扎流程图

(2)构件运输

构件预制好后,再用平板驳船运至施工现场。

(3)抛石基床整平

沉箱构件沉放前,应先对抛石基床进行整平。整平施工流程如图6.1-6所示。

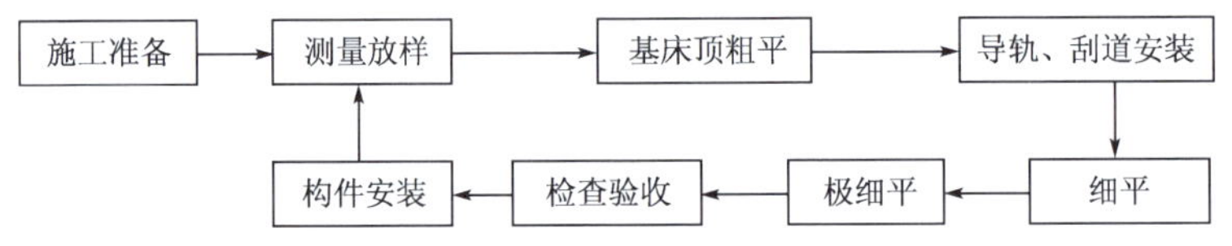

图6.1-6　整平施工流程图

为使基床顶高程符合设计要求,便于平稳安装上部预制构件,基床顶面均需按设计要求进行细平或极细平。细平和极细平时,大块石之间不平整部分宜用二片石填充;二片石之间不平整部分,用碎石填充,碎石允许成层,但其厚度不应大于5cm。

细平、极细平采用导轨刮道法,即在基床的整平范围内(每边各加宽50cm),沿纵向的两侧每隔5~11m安设混凝土小方块,方块上安设作为导轨用的铁轨(铁轨长一般有6m、12m两种),方块和铁轨之间垫厚薄不一的钢板,使轨顶即为整平高程。所用铁轨如断面较小,可在铁轨底下按一定间距支垫二片石。用铁轨作刮道,以刮道底为准进行整平,当基床宽度较大,应选用桁架梁做刮道,以免因挠度大而影响整平精度。

(4)构件安装

抛石基床整平验收合格后,进行沉箱构件的安装,构件安装施工流程如图6.1-7所示。

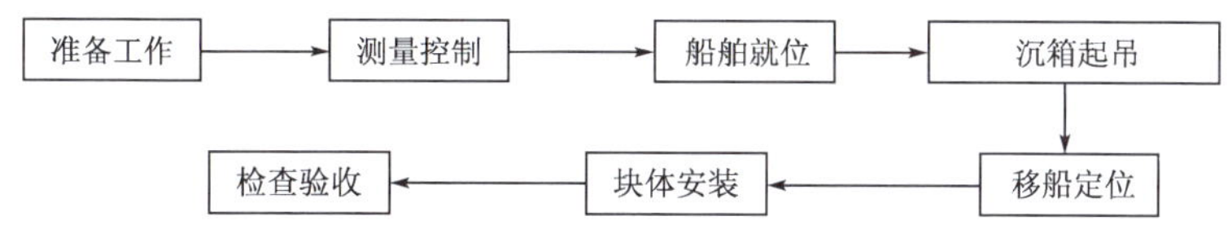

图6.1-7　构件安装施工流程图

其中：

①测量控制。布设精确的测量控制网以减少测量误差，保证沉箱安装质量，将沉箱安装质量的主要技术指标控制在设计及规范要求内。

陆上控制点是对沉箱安装前进行纵坐标控制，并在沉箱安装过程中运用前方交汇法定位沉箱。

沉箱安装到位12h以后，对沉箱顶面四个角点坐标、高程、倾斜度进行复测。前一块沉箱的测量数据将是邻接的后一块沉箱安装控制的主要辅助依据，通过数据的处理减少前面沉箱安装过程中的不利因素造成的误差值的累积，保证整体累计误差控制在优良范围内。

②移船定位。起重船起吊沉箱后，调节扒杆角度，拉紧沉箱两侧幌绳调节沉箱，然后将幌绳锁紧。调节起重船各锚缆。在GPS指导下，让船进入预定位置。此时，沉箱位置为指定的地点。

(5)箱内充沙

沉箱坝充沙工艺流程图如图6.1-8所示。

(6)现浇混凝土盖面

箱内充砂完成后，进行人工整平，然后现浇混凝土盖面。

3)钢丝网兜坝

(1)布置、定位

钢丝网网兜安放施工前，根据测图将施工区域按5m一个断面分段，并计算出每个断面间的施工工程量，根据施工量计算出钢丝网兜的个数和吊放位置。再用装有5t吊机的浮吊定位，采用GPS-RTK精确定位，用100t的甲板驳将在陆地上灌装好的钢丝网兜至吊放施工点，按断面分层定量错位搭接码放。

(2)钢丝网兜填装

①人工选石料，要求石料粒径为100～300mm，集中堆积可填装的场地。

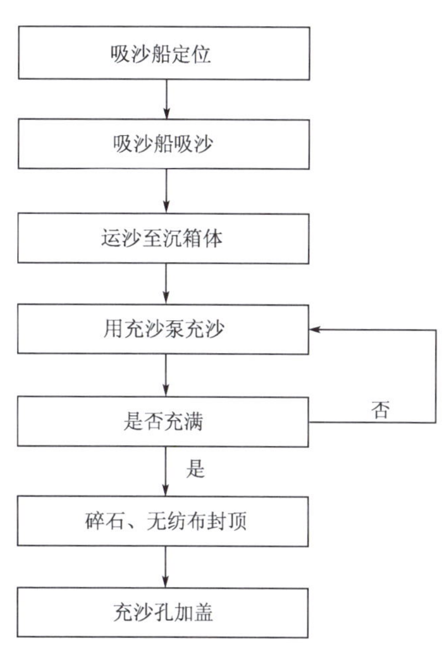

图6.1-8　沉箱坝充沙工艺流程图

②将钢丝网旋转成为圆柱体。

③用3.4mm同等材料的钢丝把两片网三边缘机械绞合。

④将网袋成圆柱状站立固定在安装架上，固定颈部。

⑤先用小铲车往钢丝网内装填石料，后人工补填充实。

⑥待装填饱满后勒紧固定袋口一端，集中堆放。

(3)运输

将填装好成批料起吊上船,由船舶运输到指定泊位上,运输过程中防止搬移对钢丝网兜破坏。钢丝网兜坝施工工艺流程图如图6.1-9所示。

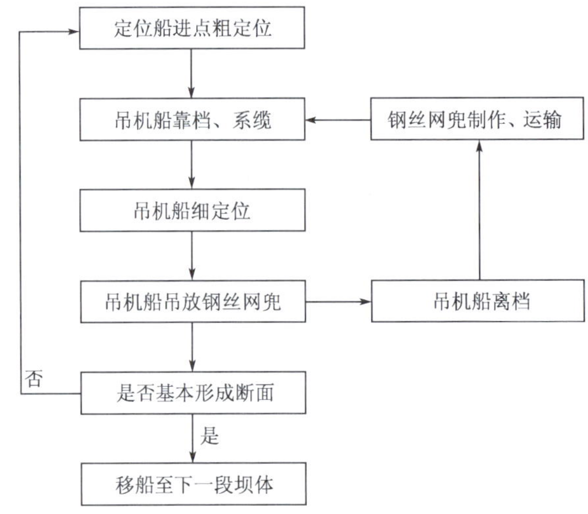

图6.1-9　钢丝网兜坝施工工艺流程图

(4)抛投

为确保抛投施工准确到位,施工前实测施工区水深、流速、流向,试抛检测钢丝网石笼不同个数在不同水深情况下漂移距的数据,指导抛投预留距离,保证落底到位。按设计坝高及坡比尺度,分层按坝宽不同长度成行分批抛投。施工时在抛投定位船下游一侧船甲板安装放料滑板2~4块,每块滑板长5m、宽1.5m。一块摆放3件钢丝笼,根据坝体分层宽度的需要,一次抛投可抛3~12件。采用浮吊机械抛投,抛投前用GPS测定滑板两侧进行定位,根据抛投水域水深、流速、流向及漂移数据测算抛投下料坐标,指导施工。每层抛投完成及时进行检测,用摆放钢丝网兜密疏来控制每层施工的平整度。

4)空心块体坝

(1)底层空心方块的安放

底层空心方块采用两点平吊,以保证方块呈水平状态安装,行、列间距由模型试验的结果确定。

安装船顺堤轴线锚泊,根据GPS显示数据移船到位。

按模拟试验所确定的纵、横向间距,将参数输入电脑,完成程序设置。

吊起空心方块,按电脑屏幕显示的方块理论位置和实际位置,移动吊臂,安放方块。安放时应确保空心方块水平着底,以保护护底软体排。

(2)第二层及其以上各层空心方块的安放

第二层及其以上的空心方块采用单点吊,吊起后块体呈倾斜状态。

第二层及其以上的空心方块的安放步骤与第一层相同,但横向安放列数为:若第一层为n列,则第二层为$n+1$列,第三层为n列,其后每增加一层减少一列。

相邻两层的空心方块从平面看呈梅花形布置,即上层块体均应安放在其下层块体的空档处。

(3)水面以上空心方块的安放

安装水面以上空心方块时,除按间距控制外,还需结合目测,适当调整安放平面位置,将块体安放在下层块体的空隙处,以确保上层块体的稳定性。

6.1.3　新型结构

1)钢丝网格

钢丝网格采用人力铺设,主要包括滩(坡)面清理和平整、反滤层铺设、钢丝网组装与填充。

(1)滩(坡)面清理和平整

清理滩面上的杂物,对局部凹凸不平的滩面用推土机进行平整,最后人工进行精细平整。整理后要求滩面平顺、整洁。

(2)无纺布铺设

滩面平整后,铺设一层无纺布,无纺布间相互搭接,搭接处用尼龙线平缝两道。

(3)钢丝网格组装

取一个钢丝网格单元置于平坦而又坚硬的地面上。展开钢丝网格,用脚踩住隔板两边,用手拉起隔板,平整底板由于折叠而造成的弯曲部分。立起隔板,对底部没有机械折痕的隔板,用脚往两边踩,然后立起隔板。用木板压住边板底部边线,折起边板。折起前后长边板,用 15cm 长的钢丝绞合隔板与边板、边板与边板相接的 14 个点。组装完毕后的护垫四周边板平整、绞合点牢固、所有竖直面板的上部边缘在同一水平面上。

(4)钢丝网格安装和填充

将组合的结构置放于施工坡面上,并用钢丝将各单一结构连接起来。在完成组装以后,钢丝网格被一个接一个地摆放在滩面上,为了构成完整的结构,用钢丝把所有相邻钢丝网格沿其接触面的边连接。注意应在填充石料前进行钢丝网格摆放和连接工作。

将石料填充于空钢丝网格结构中。在填充石料时应尽量注意避免损坏护垫上的镀层,并辅以人工摆放以保证空隙率较小。

考虑到石料沉降,填充的石料应高出金属网格 25mm 左右,并确保间隔板的上部外露。

将钢丝网格盖上,用剪好的 1.3m 长的钢丝将盖子边缘与边板边缘、盖板与隔板上边缘绞合在一起;其中,靠在一起的边板边缘以及盖板边缘一起绞合(有 4 条边);绞合时每间隔大约 15cm 单、双圈间隔绞,并且每根剪断钢丝绞合长度不超过 1m(一般绞合 1m 长边缘用 1.3m 长钢丝)。

(5)绿化

绿化主要在钢丝网格上种草籽,其流程为:在钢丝网格内铺设厚度 5cm 左右原植被生长的天然土→购买草籽→撒草籽→在钢丝网格内填充覆盖原植被生长的天然土→人工养护→植物成活。

①坡面土方铺设:选择耕植土,除去杂草杂物,尤其是瓦砾及碎玻璃等。土方采用机械开挖,人工转运及铺设。铺设后洒水,使泥土逐步渗透至钢丝网护垫内部。摊铺完成后,人工用铁锹密实。

②撒播种籽:均匀撒播种籽,在培土表面要用细土均匀覆盖一层,提高草籽的成活率。

散播草籽后应洒水养护,并施肥促进草皮生长。

③施肥及洒水养护:播种后及时浇水灌溉并施肥,要求每天洒水,洒水养护时间为20d左右。

④后期养护:草坪养护管理是获得并维持高质量草坪的重要措施,若养护管理不当,则草坪质量降低,寿命缩短。草坪的养护管理措施主要包括草坪修剪、灌溉、施肥、农药除虫等。

2)加筋三维网垫

加筋三维网垫的铺设采用人力铺设,主要包括滩面平整、放样、铺设、锚固加筋垫和回填土。

(1)滩面平整

根据设计要求对坡面杂物进行清除,对局部凹凸不平的滩面用推土机进行平整,最后用人工进行精细平整。整理后要求滩面平顺、整洁。

(2)放样

滩面整理完成后,首先放样出每卷宽加筋三维网垫的位置,打放样桩固定。

(3)铺设

在滩面上沿水流和变形方向铺设加筋三维网垫,由下游向上游,低滩向高滩方向铺设,两边铺设应平顺,速度应一致,防止网垫铺斜,确保网垫之间的搭接不小于6cm。同时要保证上游加筋网垫铺设在下游加筋之上。

(4)锚固

加筋三维网垫与钢丝网石笼垫以及与X型排的搭接要满足设计要求。与钢丝网石笼垫和网垫自身之间的搭接部位用不小于$\phi 8$钢筋做成"U"形钢钉进行锚钉,使之连接成整体。每隔50cm用15cm长的钢丝绞合。在加筋三维网垫的自由边缘开挖深40cm、宽15cm的锚固沟,内铺碎石回填。施工过程中禁止在加筋三维网垫上行驶车辆、人或机械等。

(5)回填土

加筋三维网垫铺好后,在加筋垫上洒5~8cm泥土,既可防加筋垫老化,又可加快绿草生长。

3)透水框架

透水框架施工工艺重点在于框架制作与现场抛投两流程。

(1)杆件焊接的四面六边透水框架

①框架预制。

将混凝土块配料严格按控制配合比进行配制后,送入卧式强制搅拌机进行搅拌,然后将搅拌好的熟料倒出,人工将其倒入放在震动板上的模具中,经过震动起浆,达到标准后,将混凝土块和模具一起进行养护,待48h后脱模。脱模后进行养护。

②框架拼装焊接。

养护后杆件达到设计强度的70%后可开始拼装,框架拼装时将杆件顶端钢筋用电弧焊接,三根钢筋两两搭接单面焊,焊缝长度不小于3cm。

③框架除锈、防锈处理。

框架拼装焊接后,首先对外露部分的框架钢筋进行除锈处理,然后进行涂漆防锈处理,要求先涂一遍防锈漆，再涂两遍调和漆。

④框架装船运输。

预制场加工好的透水框架经项目部质检员和现场监理检查合格后，才能出厂。

为提高施工效率，采用机械装船运输。首先采用汽车式起重机，将框架吊装在运输车上，然后运输车运到装船码头，再由汽车式起重机装到运输船上。为增加船舶的运输量，将六个框架重叠在一起运输，最后由运输船运往定位船。

⑤抛投。

抛投包括施工准备、定位、人工抛投和检测移位几部分。

首先根据设计抛投区、抛投量、运输船舶尺寸以及水流方向，划分抛投分区。

抛投前先进行现场抛投试验，在不同的水深、流速条件下，通过试投抛，以确定框架的漂移距，提高抛投准确性。

定位船装有5个电动（或液压）绞关控制5根钢缆，从而控制定位船的定位和移动，其中位于船头中部的主缆，承受整个定位船下漂的拉力，同时控制船舶的上下移动，船头船尾各设两根开锚，控制船舶左右移动。

移船定位时，根据漂移距和GPS跟踪测量控制定位船的上下、左右绞移距离，以确保定位船按要求准确定位。

定位后可进行人工抛投，先将框架抛投以[2.5m×15m]分区进行，每层抛投量按每平方米设计抛投架控制，其实际的抛投数按相对于设计要求的±4架来控制小网格内的抛投量施工。抛投时定位船垂直水流方向于设计抛投网格的上游，抛投船顺水流方向挂靠于定位船上进行抛投。

抛投时严格按照每个网格的设计工程量，控制抛投数量，做到定点定量抛投。同时加强用测深仪检测，提高抛位准确性。达到设计要求后，用GPS指挥绞移定位船，定位船横向绞移距离为1m。

(2)一次成型的四面六边透水框架

①框架预制。

配备足够的钢模，满足预制进度要求，模具含内模、外模，首先将模具上涂抹一层油，便于后期混凝土杆件的脱模，将事先焊接好的钢筋三脚架与内外模架好后，往模具口倒入混凝土，并保证在混凝土浇筑过程中，支撑好的钢筋架不发生位移与变形，允许偏差为±5mm。混凝土浇筑后振捣成型。

混凝土强度等级为C20，混凝土配合比应该满足设计要求和质量规范，要求坍落度控制在较小范围内，以便即时预制，即时脱模。

混凝土杆件比较细小，易失水，应加强湿水养护。

可组织流水作业，合理控制生产节奏，忙而不乱地组织施工，提高生产效率。

②透水框架抛投。

抛投的施工工艺同杆件焊接的四面六边透水框架的抛投施工工艺。

(3)双工字形透水框架

①模具设计。

透水框架主要采用钢制模具进行预制生产。钢模尺寸严格按照设计图纸制作，模具顶面尺寸要比底部尺寸大0.5mm左右，以方便脱模。

上工字形构件在腹板一侧沿轴线留有两个卡槽，其宽度为80mm，从模具顶面到模具中间。

下工字形构件在腹板量侧沿轴线分别留有两个卡槽，其宽度为14mm，从模具顶面到模具中间。

模具外侧设置手柄，便于搬运脱模。

②混凝土浇筑。

钢筋骨架整体绑扎、焊接，用于连接的外露钢筋与钢筋骨架焊接。

混凝土搅拌时，严格按照C30配合比进行原材料投放。在混凝土浇筑前，钢模内应当清理干净，并且均匀涂刷脱模剂或铺设塑料薄膜以代替脱模剂，以达到方便脱模的效果。涂刷脱模剂后，在模具内摆放预埋钢筋，并观察预埋连接钢筋是否与钢模卡槽相吻合。吻合后装填混凝土并放置在震动平台上振动。透水框架混凝土杆件预制件在制作时长度允许偏差为±5mm，横截面边长允许偏差为±5mm，抹面平整度允许偏差为3mm。

③拼装。

待混凝土杆件达到设计强度后方可进行拼装，拼装可在施工船上进行。拼装时，上工字形构件用35cm支架垫衬，以便于螺接。连接后将外露部分进行涂漆防锈处理，要求先涂一层防锈漆，再涂两层调和漆。

④透水框架抛投。

抛投的施工工艺同杆件焊接的四面六边透水框架的抛投施工工艺。

6.2 结构施工顺序

6.2.1 排体结构

排体结构先进行排体护底(滩)施工，然后进行排上结构的施工，最后进行排边缘处理的施工。

(1)排体施工

护滩(底)先铺设近岸(滩)侧或根部的排体，排体由岸(滩)侧或根部至河心侧或头部的顺序施工逐步铺设。

对于近岸(滩)侧或根部的排体，铺设顺序为从下游至上游逐张铺设。近岸(滩)侧或根部的排体通条方向为垂直水流铺设，即排体通条从岸侧(称为排头)开始向河心侧(称为排尾)进行铺放。上游排体通条搭接在下游排体通条上，搭接宽度根据水流流速、水深、河床冲刷情况以及排体通条的幅宽而定，一般为3～6m。对于水流较缓、水深较浅、河床冲刷幅度不大、排体通条幅宽较小的排体之间的搭接可取较小值，否则可取较大值。

对于护滩(底)中间部位的排体，铺设顺序为从近岸(滩)侧向河心侧逐张铺设。中间部位的排体通条方向为顺水流铺设，即排体通条从上游侧(称为排头)开始向下游侧(称为排尾)进行铺放。河心侧排体搭接在近岸(滩)侧排体上，搭接宽度一般为3～6m。

对于护滩带河心侧或头部的排体，铺设顺序为从下游至上游逐张铺设。河心侧或头部的排体通条方向为垂直水流铺设，即排体通条从岸侧(称为排头)开始向河心侧(称为排尾)进行铺放。上游排体通条搭接在下游排体通条上，搭接宽度一般为3～6m。

另外,不同铺设方向的排体之间的搭接宽度一般为 5 ~ 10m。

(2)排上结构和边缘处理

排上抛石顺序由岸(滩)侧或根部至河心或头部的顺序施工,最后对抛石进行整理。

6.2.2　坝体结构

坝体结构先进行排体护底施工,然后进行排上坝体结构的施工,最后进行排边缘处理的施工。

(1)排体施工

排体施工的顺序同排体结构的排体施工顺序。

(2)坝体结构

坝体抛石顺序由岸(滩)侧或根部至河心或头部的顺序施工,先从坝根开始抛坝体两侧的排上块石和护脚块石,再抛坝芯石,然后抛护面石,坝芯抛石采用分层平抛法,可按照 1 ~ 2m 厚度为一层,抛完下一层后再抛上一层,最后整理坝顶和边坡形成设计断面。

第7章　护滩工程的维护

基于航道整治河床多变的特点，为保证护滩工程整治效果的发挥和建筑物的稳定，在工程实施过程中应按照动态设计、动态管理的原则对整治河段及护滩建筑物进行观测与检查，根据监测资料，深入分析护滩工程区域变化情况，密切关注建筑物运行情况，当发现局部地形发生异常时，对异常变形进行深入分析，确定变形是否会影响护滩建筑物的安全。如影响建筑物的安全，应提出应对措施，及时进行维护处理，确保整治建筑物的稳定和效果的发挥。

7.1　稳定性预防措施

根据前文所述，护滩工程出现破坏主要发生于建筑物的护底边缘，因此，护滩工程实施前的设计阶段，为了保证护滩工程整治效果的发挥和建筑物的稳定，主要从以下三方面进行分析、优化和加强。

7.1.1　深入分析河道演变特点

通过对项目实施现场的经济及地质地貌、水文气候等客观条件和环境进行的现场调查及水文、泥沙、地质等资料收集，深入分析研究整治河段洲滩变化及水沙运动规律，以及三峡工程等对整治河段演变、拟建工程效果、整治建筑物稳定等方面的影响，深化对整治河段河道演变规律、演变趋势的认识，在此基础上，根据最新河道地形观测资料，结合同步开展的河工模型、数学模型等专题研究成果，进一步预测整治河段的演变趋势。

7.1.2　优化方案与结构设计

依据对整治河段的演变趋势的分析，结合模型试验及已有的研究成果，根据整治河段总体治理思路、守护原则、设计标准等，运用物理模型进行方案试验研究，优化整治工程护滩方案，并对其工程效果进行试验分析。

在认真分析建筑物功能、设计条件的基础上，结合多年来航道整治工程的经验教训以及相关研究成果，合理确定护滩建筑物结构形式，进行建筑物设计，并通过在建筑物边缘设置防冲促淤的透水框架结构、软体排边缘预埋块石或备填石等方式来保证建筑物的稳定。

7.1.3　设置建筑物示位标

由于护滩工程大部分常年被水淹没，为了保护整治建筑物不遭行轮撞击并确保行轮行驶安全，护滩建筑物的排体不被抛锚、采砂等人为活动破坏，在护滩工程实施后，工程局部范围内应进行标志配布，即设置建筑物示位标，其作用主要是标示护滩建筑物的位置和范围，避免船舶误入或抛锚，建筑物示位标在功能上不能代替航标。

7.1.4　遵循动态管理的原则

由于河床多变，加之三峡蓄水的影响较为复杂，因此，在工程实施过程中通常按照动态管理的原则对整治河段及整治建筑物进行观测和分析，确保整治工程实施后整治建筑物的

稳定和效果。动态管理的实施方案一般为:

(1)针对施工过程中局部工程区域河床地形的实际变化情况,对工程结构设计方案进行必要的调整,对局部结构进行加强处理。

(2)根据施工过程中水位退落情况以及船舶航行条件的变化情况,在不影响工程质量的前提下,根据地形、水流的变化对施工顺序进行必要的调整,以趋利避害。

(3)对于受工程量及施工水域作业条件限制的,可根据实际施工情况对施工顺序进行调整,选择合适实施时机。

(4)根据常规监测资料,深入分析工程区域变化情况,密切关注建筑物运行情况,当发现局部地形异常时,及时联系项目单位,并提出进一步监测计划。

(5)对异常变形进行深入分析,确定变形是否会影响建筑物的安全。如影响建筑物的安全,提出应对措施,及时处理。

为确保护滩建筑物的稳定、更好地体现工程实施效果,动态管理措施一般为:

(1)及时分析研究工程开工前观测成果,当开工前的地形与施工图设计依据的地形发生较大变化时,经研究分析后,及时进行设计方案变更处理。

(2)编制项目实施过程中的监测计划,明确监测的目的、内容、范围、工程巡查方式、观测方法、技术要求和监测频率等。

(3)在收到工程监测成果资料后,及时对资料进行分析,对涉及可能实施应急抢险的工程,及时提出抢险设计方案。

(4)结合模型试验、现场试验、实验室试验等方式对重大或较大变化进行充分论证,并提出处理意见。

(5)及时编制设计变更文件和工程实施调整方案。

(6)当整治建筑物出现应急抢险情况时,结合现场实地踏勘和勘测资料分析险情的发展趋势、影响范围,以及应对险情的抢险方案。

7.2　跟踪观测及检查

护滩工程实施后,为及时了解建筑物稳定情况以及工程实施后河势的变化情况,对建筑物及其附近变形较大的部位进行原因分析,以便提出应急、加固方案,需对护滩工程进行跟踪观测及检查,汛期还应事先制订险工治理预案。主要包括护滩建筑物水上实体检查、稳定观测及整治河段的地形及水文测量。

观测内容一般如下:

(1)局部河床地形观测:观测范围、测图比例与设计时所采用的测图一致,以保持资料的可比性、连续性。

护滩带要进行头、身及根三个横断面的测量,施测次数在竣工后测一次,一年以后的枯水期复测一次。以后视护滩带的破坏情况再施测数次,特别要检查根、头和面是否完好,了解头部和背部有无淘刷,以便及时修复。

(2)水文观测:工程范围内还应进行断面流速分布,表面流速流向、纵、横比降等水文资料的观测,分析工程效果。

(3)全河段地形观测:为了掌握工程实施后对河段河床演变产生的影响,还应在工程竣工后一个水文年内进行河床演变观测、分析工作。

7.3 工程修复措施

由于建筑物与水流、河床的作用是一对矛盾的统一体，整治建筑物能够起到保护河床、调整水流的作用，但同时，水流又对建筑物起到一定的反作用，对这些整治建筑物有一定的破坏作用。一般来说，护滩工程实施后，历经汛期洪水的考验，受汛后退水冲刷的影响，处于水流顶冲部位的建筑物局部边缘会存在一定的冲刷，若任冲刷态势发展，将危及已建护滩建筑物的安全，也影响其工程效果的发挥。

为了适应河床的变形，遵循"动态设计、动态管理"的原则，需结合汛后水文、地形观测分析结果对冲刷坑较大的局部边缘及时进行维护加固处理。具体分为以下两类：

(1)局部维修加固：主要结合建筑物损毁原因及河道变化特点的分析，对护滩工程局部变形较大的部位进行加固，常用的结构为抛枕、抛石、抛透水框架等。

(2)局部改善工程：当护滩工程破坏严重，影响建筑物功能发挥时，需对建筑物进行恢复性修复。

第 8 章　工程实例分析

8.1　长江中游窑监河段航道整治一期工程

8.1.1　河道及航道概况

1)河道概况

窑监河段位于长江中游的下荆江中部，上起西山，下迄太和岭，长约 16km，平面形态表现为弯曲分汊河型，由江心乌龟洲分水道为左、右两汊，进口左岸有洋沟子边滩，凸岸有新河口边滩。左岸为湖北省监利县，右岸为湖南省华容县，是长江中游重点碍航河段之一。

窑监河段汊道不稳定，历史上曾发生过多次主支汊转换。1989 年汛后，监利左汊严重淤积并持续衰退，枯水期基本淤塞，右汊乌龟夹成为主汊，到 1995 年航道随之移至乌龟夹并使用至今。在航道移至乌龟夹以来，由于乌龟洲洲头及右缘逐年崩退，“上浅下险”的碍航问题十分突出，其中分汊口门过于放宽，导致枯季乌龟夹进口段河道宽浅、自然水深严重不足，槽口众多(分左汊、北槽、洲头心滩串沟、中槽和南槽。北槽位于乌龟洲与洲头心滩之间；2008 年初洲头心滩中部形成过流串沟；中槽位于乌龟夹，其左边界为洲头心滩，右边界为新河口边滩；南槽多为右岸沿岸槽)且疏浚后回淤严重，加之在乌龟夹出口存在碍航乱石堆，航道条件逐年恶化，特别是 2003—2008 年的五届枯水期，碍航情况十分严重，最严重时每天有 6 个小时左右时间禁航疏浚，水上交通安全事故也时有发生。河床演变分析资料表明，如果不采取工程措施，该河段还将继续向不利方向发展，航道条件还将进一步恶化，在今后一个较长时期内窑监河段仍将是长江中游航道的主要卡口之一。

窑监河段沿程河床凹凸起伏，河段沿程深泓纵剖面呈现两头低、中间高的线型，在右汊进口(荆 141 ~ 红楼)存在明显的浅区，乌龟夹口门处的水深要小于进出口的水深，在太和岭矶头和长江故道口纵深变化大，之间段较平缓。从断面上来看，窑监河段平面形态总体表现为：两头窄、中间宽(进口段河宽约 1100m，中间段河宽约 3000m，出口段河宽约 1000m)。河床断面形态主要表现为进口断面呈右偏“U”形；中间段放宽，有江心洲，断面多呈“W”形断面；出口断面一般为左偏“V”形，断面形态较为稳定。

2)碍航特性

窑监河段一直是长江中游重点碍航河段之一。无论是在以监利左汊或乌龟夹为主汊的相对稳定时期，还是在两汊开始主支汊交替的过程中，窑监河段的演变都较为剧烈，水沙运动较为复杂，碍航问题也较为突出，大多数年份枯水期航道水深不足 2.9m。自 1995 年乌龟夹发展成为主汊以来，窑监河段航道存在的主要问题是“上浅下险”，即：

(1)乌龟夹口门航道条件恶劣，枯季水深严重不足。

一方面，乌龟夹口门较宽，汛期淤积严重，滩槽高差较小甚至无明显深槽，汛后主流随水位的退落而摆动，不能形成稳定的深槽，航道也随之摆动；同时，三峡蓄水运用后，在退水期至枯水初期,伴随着乌龟洲右缘的不断崩退及洲头心滩的冲刷降低,进口放宽段主流摆动幅度加大,多槽争流,河床总体向宽浅不利形态发展;另外,乌龟夹口门枯季疏浚后回淤严重,疏浚效果难以保证,航道维护难度大。

(2)乌龟夹出口航行条件逐渐恶化,存在严重的航行安全隐患。

乌龟夹出口主流原在太和岭矶头以下,由于乌龟洲右缘及尾部崩岸,乌龟洲洲尾已明显凹现在太和岭矶头内,主流坐弯上提至太和岭矶头以上,主流出夹后直逼太和岭矶头,受其影响太和岭一带岸线冲刷后退,造成矶头崩塌切割,原护坡石崩塌后堆于主流区,形成水下碍航物,该处形成较强扫弯水,流态恶劣,由于乱石堆位于航道边线,船舶航行十分困难,存在严重的航行安全隐患。

由于乌龟洲右缘至尾部深泓贴岸,崩岸现象时有发生,主流可能进一步坐弯上提,航道将必须通过该乱石区,枯季乌龟夹出口不仅仅是航行困难,还可能出现断航现象。并且,乌龟夹出口主流方向变化可能破坏下游大马洲河段现有的河势条件,使其向不利的方向发展。

3)演变特性及趋势

(1)天然条件下,窑监河段演变遵循周期性的规律:右汊新生→断面扩大→深泓线左移→流路弯曲增长→右汊衰亡→新的右汊再生。

(2)自1989年乌龟夹发展成为主汊以来,随着护岸工程及其他河势工程的实施,河段总体河势趋于稳定,影响主支汊转换的因素正朝着有利于乌龟夹稳定和发展的方向发展,主汊将在一个较长时期或长期稳定在乌龟夹。窑监河段以前两汊争流的矛盾开始转化为乌龟夹进口段多槽争流的矛盾。窑监河段航道存在的主要问题表现为“上浅下险”,即:乌龟夹口门航道条件恶劣,枯季水深严重不足;乌龟夹出口航行条件逐渐恶化,存在严重的航行安全隐患。

(3)自乌龟夹成为主航道以来,乌龟夹进口河道不断放宽,水流分散,深泓摆动不定,泥沙大量淤积在乌龟夹口门形成碍航浅滩。汛后至枯水初期,由于水流不能集中冲槽,出现多槽争流的格局,且槽口多变、疏浚后回淤严重,航道条件十分恶劣,曾多次出现禁航疏浚的严重局面,给航道维护造成很大压力。

(4)窑监河段航道条件与洲头心滩的位置、高程以及与乌龟洲洲头和右缘是否稳定密切相关。乌龟洲洲头及右缘的冲刷崩退、洲头心滩的冲刷降低、滩体位置的不稳定,是导致乌龟夹口门水流分散、多槽争流、出现浅滩碍航的最主要因素。

(5)三峡工程135m蓄水以来,窑监河段演变规律保持不变。左汊进一步萎缩,乌龟夹仍然为主汊,但在退水期至枯水初期,伴随着乌龟洲右缘的不断崩退及洲头心滩的冲刷降低,进口放宽段主流摆动幅度加大,多槽争流,河床总体向宽浅不利形态发展,航道条件日趋恶劣。

(6)研究成果表明,窑监河段的演变趋势表现为:今后,随着三峡工程进一步蓄水运用,窑监河段总体河势格局将保持不变,仍维持弯曲分汊河型。由于清水下泄,枯季流量加大,使得主流动力轴线更趋向于乌龟夹,乌龟夹的主汊地位将进一步得到巩固。由于乌龟洲洲头、右缘以及洲头心滩不稳定,乌龟夹口门处的浅区将继续存在,加之三峡汛后蓄水期间,水位快速退落,退水期冲刷历时缩短,退水冲槽的能力大幅减弱,因此,靠河床的自然演变无法改变本河段航道维护困难的局面。

8.1.2　工程概况

1）治理思路

由于窑监河段以右汊为主汊的滩槽形态不利，目前右汊进口段过于宽浅，槽口众多、主流不稳定，需要采取工程措施促使乌龟洲与洲头心滩连成一体，形成较为完整的洲滩形态，减小右汊进口段主流的摆动范围；同时，通过工程措施稳定洲头心滩和乌龟洲，引导水流冲刷洲头心滩右侧深槽，并逐步与下深槽贯通，形成较稳定的凹岸深槽，达到改善右汊进口航道条件，缓解航道维护困难紧张局面的目的。另外，适当清除右汊出口太和岭附近的江中乱石堆，改善原乱石区紊乱的流态，消除船舶航行的安全隐患。

治理思路为：通过洲滩守护等局部工程措施，稳定和局部改善滩槽格局，有利于引导水流归槽，抑制三峡工程蓄水运用后本河段向不利方向的发展，并适当清除太和岭附近江中的碍航乱石堆，缓解航道维护困难的紧张局面，达到现行航道尺度标准，保障枯水期航道畅通，并为后续工程的实施奠定基础。

2）整治原则和标准

（1）整治原则

塑造良好的洲滩形态，巩固以右汊为主汊的分汊格局；整治与清障相结合，改善右汊进出口航道条件；立足当前，兼顾长远。

（2）整治标准

2.9m × 80m × 750m（水深 × 航宽 × 弯曲半径），保证率由 95% 提高到 98%。

3）工程平面布置

工程平面布置见图 8.1-1，工程方案由以下三大部分组成：

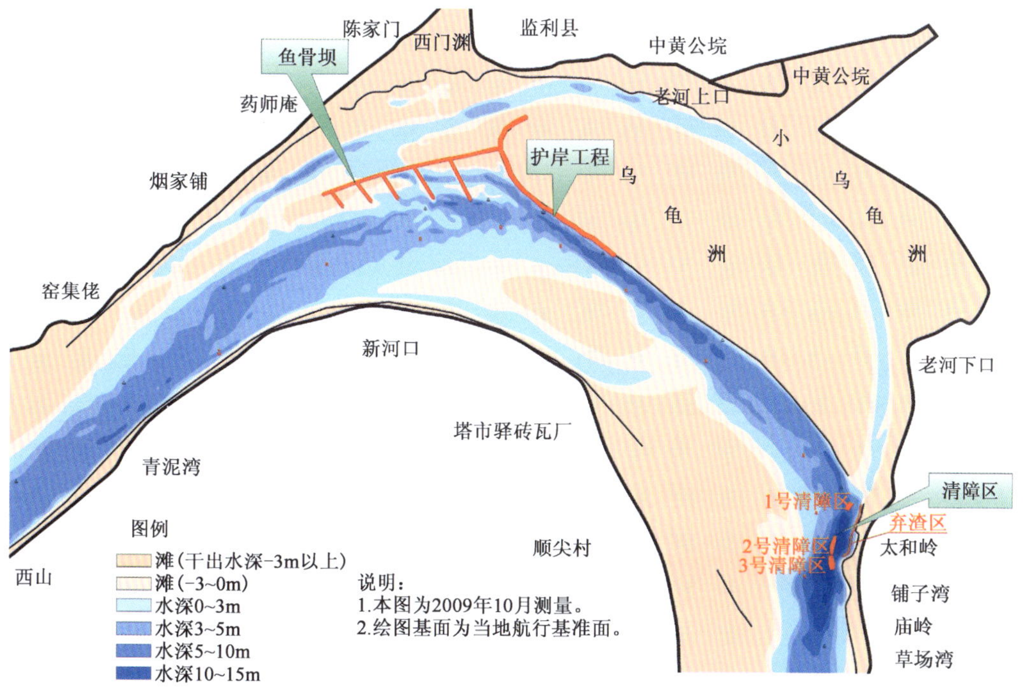

图 8.1-1　窑监河段航道整治一期工程方案布置图

(1)在乌龟洲洲头心滩建设由1道心滩滩脊护滩带(LH1号)、2道横向护滩带(LH2号~LH3号)和3道横向鱼刺坝(LB4号~LB6号)组成的鱼骨坝。长度分别为2065m、216m、275m、328m、415m和521m。主要作用是稳定和巩固洲头心滩的高滩部分,封堵串沟,并与乌龟洲相接,使洲头心滩与乌龟洲连成一体,在右汊进口形成高大完整的凹岸岸线,适当减小主流的摆动范围,集中水流冲刷进口段浅区航槽,改善并稳定右汊进流条件。

(2)在乌龟洲洲头及右缘上段建设护岸2310m。主要作用是保持乌龟洲洲头及右缘上段的稳定,进而维持乌龟洲的稳定和本河段的航道格局。

(3)清除太和岭附近江中乱石堆,改善船舶航行条件,消除安全隐患。

4)乌龟洲洲头心滩鱼骨坝结构设计

乌龟洲洲头心滩鱼骨坝工程水下采用D型排护底、透水框架边缘处理,陆上采用X型排和SX型排护滩、开挖基槽预埋块石边缘处理、轴线设块石棱体,坝体采用抛石和抛枕填芯块石盖面结构,对坝身较高处增设二级平台,施工水位以上坝顶采用干砌块石护面。具体结构设计如下:

(1)滩脊护滩带

滩脊护滩带沿乌龟洲洲头心滩滩脊布置,穿越心滩串沟,其作用是守护心滩脊,是鱼骨坝的主干和依托。

滩脊护滩带由护滩和坝体两种结构形式组成,全长2065m。护滩带前段串沟采用坝体结构;中段滩面较高,采用护滩结构设计;尾部串沟采用锁坝结构与乌龟洲洲头护岸进行衔接。

①前段坝体。

头部处理:考虑到LH1号护滩带头部易受水流冲刷产生破坏,头部采用梯形全守护,按心滩高程以上0.5m控制。

坝身:坝顶宽3m,坝体左、右侧坡比均为1:2,坝顶纵坡约1/300。

当坝高大于5m时,采用抛枕填芯块石盖面混合结构,坝体内部采用沙枕填芯,沙枕填芯两端坡度为1:2,坝体外部采用2m厚抛石盖面;当坝高小于5m时,采用全抛石结构。

考虑到翻坝水流跌水后对坝体下游侧坡脚的破坏以及翻坝后形成的横向环流对坝脚的淘刷作用,坝高大于4m的坝体段设置二级平台。二级平台为全抛石结构,平台顶宽3m,外侧边坡为1:2,两端与坝体平顺衔接。

软体排护底:施工水位以下滩面,采用水上沉D型排护底,纵轴线左、右两侧D型排宽度均为70m。高程在21.92m以上D型排上抛0.5m厚块石,防止D型排的老化;施工水位以上滩面,采用陆上铺X型排护滩,纵轴线左、右两侧X型排宽度分别为50m和70m。

护底排边缘防护:护底排边缘防护主要起加糙、防冲、促淤的作用,即使河床变形后,也是非常平缓的边坡,可以防止护底排边缘变形后,引起局部河床变陡,造成排体悬挂破坏。D型排边缘采用抛投透水框架处理,透水框架杆件长1m,按每平方米3架控制;X型排边缘采用开挖基槽预埋后铺石处理。

②中段护滩。

滩脊护滩带中段滩体较高,按护滩结构设计。

软体排护滩:滩面均位于施工水位以上,采用陆上铺X型排和X与SX型混合排护滩。SX型排位于护滩边缘,宽度为15m。排体纵轴线左侧排宽50m,右侧排宽70m。

排面盖块石：沿排体纵向轴线设宽 10m、厚 50cm 的铺石棱体。

排边缘防护：在 X 型排边缘或 SX 型排边缘采用开挖基槽预埋后铺石处理。

③尾部锁坝。

尾部位于乌龟洲头串沟内，在吹填的基础上采用锁坝结构，与乌龟洲头护岸连接。锁坝结构包括三大部分：坝体、护底排、排边缘守护。

坝身：采用全抛石结构，坝顶采用宽 3m 厚 0.4m 干砌块石护面，坝体左、右侧坡比均为1:2。

护底排：采用陆上铺 X 型排和 X 与 SX 型混合排守护。坝体纵轴线左侧排宽度为 50m，右侧排宽度为 70m。

排边缘防护：在 X 型排边缘或 SX 型排边缘采用开挖基槽预埋后铺石处理。

(2)横向护滩带和鱼刺坝

横向护滩带和鱼刺坝与滩脊护滩带横向布置，高程在 22.28m 以下的滩面，采用坝体结构；高程在 22.28m 以上的滩面，采用护滩带结构。

①坝体。

坝体结构主要包括四大部分：坝头、坝身、护底和护底排边缘处理。

坝头：坝头采用全抛石结构，坝头顶部为直径 3m 的半圆，然后呈辐射状与河底相接；沿坝轴线向河坡坡比为 1:5，向左、右侧逐渐变坡比与坝体平顺衔接。由于坝头较高，对坝头进行加强处理，在向河心侧及下游侧设二级平台，二级平台高程为坝顶高程以下 4m，平台宽度为 3m。

坝身：坝顶宽 3m。上游坡比为 1:1.5，下游坡比为 1:2。由于坝面位于施工水位以下，抛石后进行适当平整。坝根区坡比放缓与 LH1 号护滩带圆弧形连接，距坝头处 10m 范围的坝身进行全抛石结构。

距坝头 10m 范围以外处的坝身，根据坝身实际高度，分为两种坝体结构：当坝高大于 5m 时，采用抛枕填芯块石盖面混合结构，坝体内部采用沙枕填芯，沙枕填芯两端坡度为 1:2，坝体外部采用 2m 厚抛石盖面；当坝高小于 5m 时，采用全抛石结构。

坝高大于 4m 的坝体下游侧坝顶高程以下 4m 设置二级平台。二级平台为全抛石结构，平台顶宽 3m，外侧边坡为 1:2，两端与坝体或坝头的二级平台平顺衔接。

软体排护底：滩面高程低于施工水位，采用水上沉 D 型排进行护底。高程在 21.92m 以上 D 型排上抛 0.5m 厚块石，防止 D 型排的老化。坝体纵轴线上、下游两侧余排宽分别为 30m、50m，即纵轴线下游两侧护底排宽度分别为 40m、65m。坝头底部向河心护底长 80m。

护底排排边缘防护：坝头底部向河心的 80m 的 D 型排上游侧边缘，整个下游侧 D 型排排边缘抛透水框架 20m 宽，其中与排体搭接 5m，按每平方米抛投 3 架控制；由于坝头头部为受水流强冲刷区，透水框架宽度为 30m，与排体搭接 5m，按每平方米抛投 6 架控制。

②护滩。

护滩结构包括三大部分：软体排护滩、排面盖块石、排边缘守护。

软体护滩：采用水上沉 D 型排的施工方法，宽度与护底带宽度相同。

排面盖块石：在排体纵向轴线审 10m 宽、50cm 厚的抛石棱体，

排边缘防护：整个下游侧护底排边缘抛透水框架 20m 宽，其中与排体搭接 5m，按每平方米抛投 3 架控制，同护底排边缘防护处理。

心滩鱼骨坝具体结构特征见表 8.1-1。

乌龟洲洲头心滩鱼骨坝结构细部特征表　　表 8.1-1

鱼　骨　坝	LH1 号护滩带	LH2 号护滩带	LH3 号护滩带	LB4 号刺坝	LB5 号刺坝	LB6 号刺坝
总长度(m)	2065	215.7	275.2	328.1	418.8	521
头部高程(m)	滩面上 0.5m	22.78	23.92	23.92	23.92	23.92
根部高程(m)	27	滩面上 0.5m	23.92	24.86	25.99	滩面上 0.5m
上游(左)侧坡比	1:2	1:1.5	1:1.5	1:1.5	1:1.5	1:1.5
下游(右)侧坡比	1:2	1:2	1:2	1:2	1:2	1:2
坝头坡比	无	1:5	1:5	1:5	1:5	1:5
上游(左)余排(m)	50	30	30	30	30	30
下游(右)余排(m)	50	50	50	50	50	50
坝头余排(m)	无	80	80	80	80	80

8.1.3　工程效果

1)工程前后河道变化

(1)洲滩变化

乌龟洲洲体右缘中上段在实施护岸守护以前,不断处于崩退变化中,年均崩退幅度在 20m 左右。工程实施后,乌龟洲洲头及右缘已经得到稳定。

洲头心滩在工程实施以前,由于受主流北移的影响,右缘冲刷,洲体不断冲失。统计数据表明,2008 年洲头心滩(-3m)面积仅为 2003 年同期的 1/3。工程实施后,洲头心滩右缘受冲后退的变化趋势得到遏止,同时滩体大小有所恢复,由工程实施前的 0.35km^2 增加到 2012 年的 0.56km^2,顶部最大高程由基面上 6.8m 淤高到基面上 7.9m。随着洲头心滩鱼骨坝工程的实施,在 2008 年滩体上出现的窜沟得到封堵,且回淤明显,最大淤积超过 4m。

工程实施后,新河口边滩整体表现为淤高长大。新河口边滩由多个零星的散乱滩体合并成一个完整的滩体,且边滩右侧贯通的 0m 槽淤积成滩,边滩变得更加高大完整。由 -3m 等深线变化来看,新河口边滩淤积比较明显,滩体向上、下游大幅延伸,边滩面积在工程前后扩大了 20 倍,滩体最高高程已达到航行基面以上 6.0m,中枯水期出露。窑监河段洲滩(-3m)变化情况见表 8.1-2,洲头心滩和新河口边滩淤积长大。

窑监河段洲滩(-3m)情况统计表　　表 8.1-2

时　期	测　时	洲头心滩		新河口边滩	
		面积(km^2)	顶部高程(m)	面积(km^2)	顶部高程(m)
工程前	2009 年 2 月	0.35	6.8	0.055	5.2
工程后	2010 年 11 月	0.55	7.9	1.14	5.9
	2012 年 2 月	0.56	7.9	1.12	6.3

(2)分流比变化

由于乌龟夹深泓的频繁摆动,作为航道边界的洲滩冲淤变化频繁,使得口门放宽段出现多个槽口:北槽、中槽和南槽。工程后,窑监右汊乌龟夹内水流偏向中槽,南槽淤塞。2009 年底以来,中槽的分流比逐年加大,由 88% 加大至 98.9%,南槽分流比相应的由 12% 减小至

1.1%(表 8.1-3)。

窑监河段乌龟夹内分流比变化情况表

表 8.1-3

时　期	时　间	水位(m)	乌龟夹流量(m^3/s)	中槽分流比(%)	南槽分流比(%)
建设期	2009.10.19	24.54	7133	88.0	12.0
	2010.01.22	22.97	5436	93.5	6.5
工程后	2011.10.12	24.39	7210	97.5	2.5
	2012.02.25	22.99	5822	98.9	1.1

注:水位为黄海高程(下同)。

(3)小结

整治工程实施后,枯水期过渡段河道由一汊四槽(左汊、北槽、洲头心滩窜沟、中槽、南槽)过流改变为一汊两槽(左汊、中槽、南槽)过流,中槽主槽地位日益增强,南槽枯水期极少过流。

综上所述表明:在窑监河段航道整治一期工程实施以前,江心洲滩冲刷,河床总体向宽浅方向发展,航道条件整体较差;航道整治一期工程实施以后,封堵了乌龟洲洲头和心滩间窜沟,并与乌龟洲相接,促使洲头心滩与乌龟洲连成一体,塑造并稳定右汊进口段凹岸岸线,航道左边界得到巩固,引流归槽,束水攻沙,形成较稳定的凹岸深槽,河势条件有所改善;枯水期过渡段河道由一汊四槽(左汊、北槽、洲头心滩窜沟、中槽、南槽)过流改变为一汊两槽(左汊、中槽、南槽)过流,中槽主槽地位日益增强,南槽萎缩。

2)工程前后航道变化

在工程实施以前,枯水碍航期 80m 航宽内 3m 深槽时通时断,且以断开居多。整治工程实施以后,航道条件改善明显,在工程建设的当年汛后(2009 年 10 月),即达到 3.0m × 80m 的航道尺度。之后,随着整治工程效果的持续发挥,航道条件进一步改善,枯水期航道基本上可以保持 4.0m × 100m 的航道尺度,提高了航道通过能力和航运效益,降低了航道维护成本。工程前后窑监河段航道尺寸见表 8.1-4。

窑监河段航道尺度核查表

表 8.1-4

测图时间	测时水位(航行基面)(m)	不同宽度下最小相对水深(m)				备　注
		80m	100m	150m	200m	
2006.1.25	1.68	2.5	2.4	2.3	2.0	工程前
2007.1.20	1.26	4.0	3.7	3.4	2.0	
2007.11.25	2.68	1.1	1.0	0.8	0.5	
2007.12.13	1.85	1.5	1.4	1.1	1.1	
2007.12.25	1.64	2.3	2	1.9	1.9	
2008.1.8	1.42	2.8	2.7	2.5	2.5	
2008.2.22	1.46	3.2	3.1	3.0	2.4	
2009.2.9	1.97	2.9	2.4	2.0	1.0	
2009.10.20	3.14	3.0	2.3	1.9	1.3	建设期
2010.1.21	1.67	5.7	5.6	5.0	3.0	
2010.3.16	1.92	6.4	6.2	6.0	5.7	

续上表

测图时间	测时水位（航行基面）(m)	不同宽度下最小相对水深(m)				备　注
		80m	100m	150m	200m	
2011.3.25	2.92	5.9	5.8	5.6	5.5	工程后
2011.10.16	3.34	4.6	4.4	4.2	3.9	
2012.2.23	1.68	5.7	5.6	5.5	5.3	

3）工程稳定性分析

（1）现场踏勘

乌龟洲洲头心滩鱼骨坝工程于2009年4月开工，2009年5月底完成了护底部分，2009年12月完成了坝体主体部分，经过2010年的洪水期考验。2010年8月交工后，又经历了2011年洪水期的考验。从现场踏勘情况看，脊坝、刺坝工程总体上较为稳定（图8.1-2～图8.1-5），坝顶和出露的两侧边坡未发现毁坏。

图8.1-2　脊坝实施后的情况

图8.1-3　LB4号刺坝实施后的情况

图8.1-4　LB5号刺坝实施后的情况

图8.1-5　LB6号刺坝实施后的情况

（2）冲淤情况

从工程完工后，滩脊护滩带中段原有窜沟处淤积幅度达4m以上，使得整个乌龟洲低滩连成一体。工程实施以来至今，原有窜沟淤积明显，各个坝田之间以淤积为主，最大淤幅达到4m，横向护滩带和鱼刺坝的头部和坝头护底区域表现为冲刷。

滩脊护滩带除头部左侧工程区域外侧发生冲刷外，其余以淤积为主，中段原有窜沟处淤积幅度达4m以上，使得整个乌龟洲低滩连成一体，其余冲淤幅度均在1m以内。LH2号横向护滩带头部淤积，淤积幅度在3m以内，中间有一定的冲刷，冲刷幅度均小于3m；LH3号横向护滩带以冲刷为主,其中坝头下游侧的护底带局部冲刷达 3m,其余冲刷幅度均小于 3m。

LB4 号 ~ LB6 号鱼刺坝,坝体根部表现为淤积,冲刷部位主要位于 LB4 号 ~ LB6 号刺坝头部的护底带区域及河心侧的坝田区,其中坝头护底带区域冲刷幅度超过 4m。LB4 号刺坝工程区域以冲刷为主,最大冲幅达 4m;LB5 号刺坝有冲有淤,整体幅度较小;LB6 号刺坝上游侧排体以淤积为主,下游侧以冲刷为主。

(3)小结

综上所述,工程实施后,在经过几个汛期的考验后,已实施的各整治建筑物总体稳定,新型结构整体性和稳定性更好,而部分建筑物的局部冲刷主要发生在工程实施后第一年和第二年的河床剧烈调整期,发生范围也集中在 LB4 号、LB5 号、LB6 号坝田间以及乌龟洲洲头左缘下段约 1000m 的排边缘。总体建筑物依然稳定,大部分建筑物区域促淤防冲护滩护岸效果明显,达到了预期的设计目标。

8.2 长江中游沙市河段航道整治一期工程

8.2.1 河道及航道概况

(1)河道概况

沙市河段上起陈家湾,下至玉和坪,长约 20km,以杨林矶为界分为上下两段:上段被太平口心滩分为南北槽,为涴市河弯与沙市河弯两个反向弯道之间的直线过渡段;下段为三八滩分汊段。从平面形态来看,其上段(陈家湾至杨林矶)顺直并逐渐放宽,下段微弯分汊,出口受人工护岸矶头的制约,又逐渐收缩。进口处宽约 1000m,至杨林矶一带放宽至 3200m 左右,出口缩窄约 1100m。横跨三八滩的荆州长江公路大桥于 2002 年 10 月建成使用,在靠近两岸的北汊及南汊内均布设了通航桥孔,中间为非设计通航桥孔。

沙市河段河道演变剧烈,以河道内主流频繁摆动、洲滩互为消长、汊道兴衰为主要变化特征,长期以来,一直是长江中游重点碍航水道。1998 年特大洪水后,碍航问题更加突出,主要表现为:

1998 年及 1999 年大洪水后,原有的三八滩冲失,北设计通航孔所在的北汊淤积严重,枯季难以通航,南设计通航孔淤塞,船舶被迫改走非设计通航孔,通航与桥梁安全矛盾十分突出。

由于沙市河段的特殊河道形态(下段有观音寺卡口),2000 年以后,三八滩逐渐恢复,至 2003 年初淤高展宽到一定规模,南设计通航孔冲开。但 2003 年 9 月以后,由于三峡工程蓄水后清水下泄的影响,三八滩滩头后退,滩体有明显的窜沟切割,三八滩再次面临冲失的威胁。

交通部有关司局高度重视沙市河段通航与桥梁安全问题,批准实施了三八滩应急守护工程,以控制三八滩的冲失速度。工程取得了阶段性的效果,2004 年恢复北汊通航。但由于应急守护的范围与强度不够,三八滩继续后退缩窄,北汊进口再度呈逐年淤积态势,北汊航道条件再度继续恶化。为了减轻北汊进口疏浚性维护工程量、防止枯水期沙市河段断航局面的出现、保证荆州长江大桥的安全,交通部批准了非设计通航桥孔桥墩的防撞措施实施方案,该工程于 2007 年 12 月开始施工,为枯水期开通南汊非设计通航桥孔通航奠定安全保障。

2007 年汛后，三八滩滩体进一步冲刷缩小、滩面降低；沙市河段下段呈散乱多槽格局；北汊进口淤积严重，不满足当时航道维护尺度的要求；南设计通航孔淤塞；穿越非设计通航孔的主河槽水深条件满足现行航道维护尺度的要求，但进口也呈淤积态势。

沙市河段一期工程实施前航道维护尺度为 2.9m × 80m × 750m（水深 × 航宽 × 弯曲半径，下同），通航保证率为 95%。

（2）碍航特性

沙市河段是近年来长江中游碍航最为严重的浅滩河段之一，特别是 1998 年洪水后，河势发生了较大变化，使通航与桥梁安全问题十分突出。目前本河段存在的主要碍航问题是：

①北汊进口淤积严重，航槽内水深不满足维护要求。1998 年特大洪水后，原本相对高大完整的老三八滩冲失，北汊分流迅速减少，其进口宽浅、洪枯水流路不一致，泥沙输移能力弱。

②南汊水深条件较好，但受非设计桥墩的制约，通航与桥梁的安全矛盾极为突出。

（3）演变特性及趋势

①沙市河段内三八滩与腊林洲边滩下段保持此消彼长的平面位置关系，主要表现为：老三八滩时期，腊林洲边滩下段淤积下延，三八滩滩头及上段右缘冲刷，滩体缩小、下移；新三八滩时期，边滩中部拐点下侧向下游河心淤长、滩尾冲刷，三八滩滩头及右缘上段冲刷、右缘中下段淤宽。

②三八滩应急守护工程的护滩建筑物总体上对三八滩仍起到骨架支撑作用。以控制洲脊、右缘为主，重点守护洲体中上段的工程布置针对性强。从目前来看，护滩带整体骨架结构保持稳定，但水毁现象仍很严重。

③三峡蓄水加速了新三八滩滩头随腊林洲边滩淤长而不断后退，以及南汊不断弯曲的迹象的发展趋势。蓄水后来沙较小，腊林洲边滩拐点下侧低滩，可能进一步冲刷。三八滩分汊段可能出现多槽分流局面。这将使下段航道条件更加恶化。

8.2.2 工程概况

（1）治理思路

鉴于在实施了两期应急守护工程之后，虽然三八滩应急守护工程的头部受主流顶冲、左侧边缘受沿堤流破坏，整治建筑物局部破坏现象较为严重，但从应急工程的效果分析来看，已实施的三八滩应急守护工程对稳定三八滩中上段滩脊的完整，维持现有两汊的分流格局已经起到了一定的控制作用，且经过 3 ~ 4 年的调整变形，无论从平面还是立面上，都基本与周边的水流条件相适应，表明这种以守为主的应急工程形式是适应本阶段、本河段的，因此，一期工程仍以三八滩守护为主，仅对应急守护工程的护滩结构边缘进行加固完善，防止因其进一步破坏扩大，从而引发新一轮的大规模适应性调整变形，因而，其结构的稳定性是可以预期的，加固范围滩体的稳定效果也是可以预期的。

（2）整治原则及建设标准

整治原则：以应急守护工程为基础，平面上以维持现状为主，局部进行完善调整，以维持三八滩的整体稳定；结构上充分考虑清水下泄的冲刷，确保工程的稳定。

建设标准：设计航道尺度为 2.9m × 80m × 750m（水深 × 航宽 × 弯曲半径），保证率为 95%。

(3)工程总体布置及主要建设内容

工程主要是对三八滩已实施的应急守护工程部位的上段、中段、尾部进行加固完善以及在应急守护工程的尾部设置衔接段四个部分。

(4)主要建筑物结构

本工程结构形式上主要采用系混凝土块软体排进行护底,用块石结构进行补坡和备填,尾部衔接段采用四面六边透水框架。工程结构主要设计内容见表 8.2-1。

工程结构主要设计内容　　表 8.2-1

分部工程	结构设计主要内容
1 区	40m 宽的 D 型排、钢筋混凝土系排梁,抛石补坡、透水框架等
2 区	40m 宽的 D 型排、钢筋混凝土系排梁,抛石筑坝、透水框架等
3 区	40m 宽的 D 型排、钢筋混凝土系排梁,抛石补坡等
4 区	四面六边透水框架

8.2.3　工程效果

1)河道变化

(1)滩体变化

从沙市河段航道整治一期工程实施前后滩体平面变化来看,工程前,三八滩持续冲刷后退,2003—2008 年间滩头后退幅度约 1.2km,三八滩滩头的冲退为杨林矶边滩的生成及淤涨提供了空间,随着三八滩滩头冲退后退,杨林矶边滩生成并淤积下延,滩体面积逐渐增大,由 2006 年 9 月的 0.23km^2 增大至 2008 年 8 月的 0.52km^2。

工程的实施遏制了三八滩滩头的冲刷后退,三八滩滩头位置被固定下来。三八滩中上段滩体基本保持稳定,但未实施工程的下半段仍趋于冲刷状态,滩体面积进一步缩小,由 2008 年 4 月的 0.65km^2 缩小至 2011 年 12 月的 0.17km^2,滩尾上提约 1050m。随着三八滩中上段滩体保持基本稳定、2 号槽的冲刷发展,杨林矶滩体尾部上提左移、头部淤积上延,目前已上延至筲箕子一带,滩体面积进一步增加,至 2011 年 12 月面积增至 1.21km^2。

(2)航槽变化

从工程前后三八滩段航行基面下 4m 等深线(设计水位下 3m)年际变化来看(表 8.2-2),工程实施前,随着三八滩滩头的冲刷后退,杨林矶滩体淤积下延,北汊进口的沿岸槽逐渐淤浅,而贴三八滩滩头的 2 号槽口逐渐冲刷发展,由于滩槽的不稳定,出现北汊争流的局面;沙市河段航道整治一期工程实施后,遏制了三八滩滩头的冲刷后退,三八滩中上段基本保持稳定,2 号槽进一步冲刷发展,目前 2 号槽航道条件较好,4m 线全线贯通。

三八滩汊道段枯水期年际航槽情况　　表 8.2-2

测　时	4m 线最小航宽(m)	最小水深(m)	说　明
2006.2	160	2.9	通过疏浚维持航道走北—北航线沿岸槽,航道最窄处位于荆州大桥上游约 1.2km 处(太 40 处),最小水深位于三八滩滩头、南槽向北汊过渡段一带
2007.2	135	4.6	通过疏浚维持航道走南—北航线沿岸槽,航道最窄处位于荆州大桥上游约 1.7km 处,最小水深位于过渡段一带

续上表

测　时	4m线最小航宽(m)	最小水深(m)	说　明
2008.4	290	2.8	通过疏浚维持航道走南—北航线2号槽,航道最窄处位于三八滩头部,最小水深位于2号桥墩上游230m处
2009.2	210	5.1	航道走南—北航线2号槽,航道最窄处位于三八滩头部,最小水深位于桥轴线处
2010.2	250	4.5	航道走南—北航线2号槽,航道最窄处位于三八滩头部,最小水深位于桥轴线处
2011.2	370	5.7	航道走南—北航线2号槽,航道最窄处位于三八滩头部,最小水深位于桥轴线处
2011.12	415	5.2	航道走南—北航线2号槽,航道最窄处位于三八滩头部,最小水深位于桥轴线处

(3)分流比变化

一期工程实施之前,三八滩汊道并不具备稳定的分流分沙条件。在老三八滩冲失前,大多数年份北汊处于主汊地位,新三八滩形成后,北汊分流比迅速减少,2003年初衰减至最低值27%,北汊退为支汊;经2004年、2005年两届三八滩应急守护工程的实施,北汊分流比有所增加。

一期工程实施后,北汊的进流条件得以稳定,北汊枯水期分流比呈增加的趋势,至2011年2月,在流量为5933m^3/s时,分流比达到59%(表8.2-3)。从2011年2月分流比的情况分析看,北汊分流比比工程前增加了10%以上的原因主要有两个方面:一是由于近年均为中小水年,模型成果表明,连续的中小水年对北汊进口的发展是有利的;二是由于2010年底开始实施的腊林洲守护工程阻止了腊林洲中下段高滩的进一步崩退,中枯水期南槽的水流能够更好地过渡进入北汊,有利于北汊进口的发展。

三八滩汊道枯水期分流比统计表　　表8.2-3

时　间	流量(m^3/s)	北汊分流比(%)	南汊分流比(%)
2001.2.25	4350	43	57
2002.1.20	4560	35	65
2003.3.2	3728	27	73
2004.1.26	4842	32	68
2007.3.16	4946	46	54
2009.2.19	6954	43	57
2010.3.10	6119	41	59
2011.2.16	5933	59	41

2)工程前后航道条件变化

工程实施前,沙市河段航道维护尺度为2.9m×80m×750m(水深×航宽×弯曲半径,下同),通航保证率为95%。工程实施后,从2009年11月1日起,宜昌—城陵矶段试运行3.0m水深,从2010年11月1日起,宜昌—城陵矶段试运行3.2m水深。

三八滩在经历 1998 年、1999 年连续两届特大洪水后，加速萎缩，并于 2000 年汛期解体，随着杨林矶边滩的迅速淤长下移右摆，2000 年汛末再度形成新的三八滩。2003 年三峡水库截流蓄水，在蓄水的前三年，滩槽的变化主要表现为新三八滩滩头冲刷后退——杨林矶边滩淤涨下移——杨林矶边滩与三八滩合并的周期性变化，在汛后老的杨林矶边滩与三八滩合并之时，新的杨林矶边滩即已生成，使原有北汊进口浅滩密布，沿岸航槽、河心航槽均严重淤塞，航道条件十分恶劣，2007 年以后，北汊进口槽逐渐下移，三八滩滩头的 2 号槽迅速发展，使得原槽口逐渐淤积，杨林矶边滩明显扩大下延，但航道条件仍不满足维护要求，如 2006 年 2 月，航行基面下 4m 线最小航宽只有 76m。一期工程实施后，三八滩中上段得到控制，基本保持稳定，杨林矶滩体尾部上提左移、头部淤积上延，2 号槽进一步冲深展宽，目前 2 号槽已发育形成较为稳定的航槽。

从工程实施前后三八滩段左汊航槽航行基面下 4m 等深线（设计水位下 3m）沿程宽度统计来看（表 8.2-4），工程实施后，航槽基本稳定走南—北航槽，过渡段及三八滩头一带的航槽进一步冲刷展宽，2011 年 12 月 4m 线航宽维持在 400m 以上，同时，本河段 6m 线（设计水位下 5m）贯通，宽度在 250m 以上，航宽及水深有较大幅度的提高，航道尺度有明显的提高。

工程前后左汊航槽航行基面下 4m 等深线宽度统计表（单位：m）　　表 8.2-4

测　时	1 号	2 号	3 号	4 号	5 号	6 号
2006.2	340	76	156	160	188	250
2007.2	720	913	120	155	296	178
2008.4	582	663	262	265	325	360
2009.2	440	410	210	357	360	342
2010.2	513	551	224	283	560	351
2011.2	506	640	372	467	600	552
2011.12	525	686	415	565	595	615

3）整治建筑物稳定性分析

在工程结构设计上，借鉴了两期应急守护工程的经验教训，在工程结构上做了大量的改进和加强，充分考虑了三峡蓄水运用后清水下泄的不利影响，加强守护工程的结构稳定性，同时以备填石和抛投透水框架的形式，重点对护滩的边缘和坡脚进行加固。

通过第一届枯水期主体工程完工测图（2009 年 7 月）与 2011 年 12 月的测图（竣工验收测图）对比看，主体工程自实施完成以来，经受了 3 届洪水期的考验，总体保持了稳定。滩面基本上保持稳定，水下工程区域有冲有淤，总体表现为淤积，局部最大淤积幅度达 5m 以上，边缘局部最大冲刷在 1m 以内；工程区域北侧以外、1 区和 2 区南侧均表现为淤积，最大淤积幅度超过 5m，3 区尾部边缘外侧略有冲刷，最大冲刷幅度为 5m 左右。4 区尾部护滩带之间的滩面有所冲刷，冲刷幅度在 2m 以内。

通过 2010 年 5 月（工程交工验收的测图）与 2011 年 12 月的冲淤分布来看，工程自交工验收以来，工程区域总体稳定；滩面基本上保持完整，水下工程区域有冲有淤，总体表现为淤积，局部最大淤积幅度达 5m 以上，局部最大冲刷在 1m 以内；经过备填石的优化设计后，工程区域边缘以及工程区域外侧均出现一定幅度的淤积，局部最大淤积幅度超过5m，3区尾部边缘外侧略有冲刷，最大冲刷幅度为3m左右。4区尾部护滩带之间的滩面略有冲刷，冲刷幅度在1m以内。

从断面变化来看，1区头部工程区域基本保持稳定，排体边缘由于过渡段航槽的展宽和冲深而有所冲刷，冲刷幅度在0.5～1m之间；1区中下段的滩面和坡脚部位保持稳定，坡脚局部出现一定幅度的淤积，最大淤积幅度在3m左右，排体边缘局部略有冲刷，幅度在0.5m左右。2区锁坝工程区保持稳定，总体以淤积为主，坡脚部位出现较大幅度的淤积，最大淤积幅度在5m左右，排体边缘相对稳定，基本上没有出现冲刷变形。3区滩面和坡脚相对稳定，坡脚局部出现淤积，幅度在2m左右，靠北汊的排体边缘基本保持稳定，局部略有冲刷，幅度在0.5m左右，靠南汊的排体边缘局部有所冲刷，幅度在4～5m。

工程实施后，经过三个水文年的考验，工程区域的水下护底部分总体保持了稳定，滩面部分经过维护后基本保持完好，没有再出现水毁现象。总体而言，一期工程在结构上的优化和加强是合理的，工程实施后，经过三个汛期的考验，整治建筑物总体保持了稳定。

参 考 文 献

[1] 李文全,刘怀汉,付中敏.长江航道整治边滩守护及护底工程关键技术研究总报告[R].武汉:长江航道规划设计研究院,2009.

[2] 刘怀汉,李文全,付中敏.长江中游心滩守护工程关键技术研究总报告[R].武汉:长江航道规划设计研究院,2010.

[3] 付中敏,李文全,刘怀汉.长江中游严重碍航河段——监利河段航道治理关键技术研究[R].武汉:长江航道规划设计研究院,2007.

[4] 周冠伦,陈晓云,刘怀汉.长江中游典型浅滩演变规律与整治措施研究[R].武汉:长江航道局,2003.

[5] 李国祥.长江航道整治建筑物稳定关键技术研究[R].武汉:长江航道局,2006.

[6] 雷国平,郑惊涛,余珍.长江中游典型整治建筑物适应性与整治效果研究[R].武汉:长江航道规划设计研究院,2012.

[7] 谭伦武,雷国平.长江下游东流水道航道整治二期工程可行性研究报告[R].武汉:长江航道规划设计研究院,2011.

[8] 谢鉴衡.河流泥沙工程学[M].北京:水利出版社,1981.

[9] 张瑞谨.张瑞谨论文集[M].北京:中国水利水电出版社,1996.

[10] 黄才安.水流泥沙运动基本规律[M].北京:海洋出版社,2004.

[11] 钱宁,万兆惠.泥沙运动力学[M].北京:科学出版社,2003.

[12] 应强,焦志斌.丁坝水力学[M].北京:海洋出版社,2004.

[13] 交通部三峡办.长江三峡工程泥沙和航运问题研究成果汇编(Ⅳ)[G].1999.

[14] 长江航道局.航道工程手册[M].北京:人民交通出版社,2004.

[15] 中国水利学会泥沙专业委员会.泥沙手册[M].北京:中国环境科学出版社,1992.

[16] 余文畴,卢金友,等.长江河道演变与治理[M].北京:中国水利水电出版社,2005.

[17] 王平义,程昌华,等.航道整治建筑物水毁理论及模拟技术[M].北京:人民交通出版社,2004.

[18] 刘晓菲.护心滩建筑物破坏机理及模拟技术研究[D].重庆:重庆交通大学,2008.

[19] 彭严波,段光磊.长江荆江河段沙市三八滩演变机理分析[J].人民长江,2006(9):84.

[20] 高贵景.丁坝水力学特性及冲刷机理研究[D].重庆:重庆交通大学,2006.

[21] 徐国宾,张耀哲.混凝土四面六边透水框架群技术在河道整治、护岸及抢险中的应用[J].天津大学学报,2006(12):1455-1466.

[22] 李若华,周春天,严忠民.四面六边透水框架群减速效果的优化研究[J].水利水电快报,2003(6):13-15.

[23] 李若华.空心四面体透水框架群减速特性研究[D].南京:河海大学,2004.

[24] 李若华,王少东,曾甄.穿越四面六边体透水框架群的水流阻力特性试验研究[J].中国农村水利水电,2005(10):64-66.

[25] 王伟峰.心滩守护前后泥沙运动规律及冲刷变形特征研究[D].重庆:重庆交通大学,2009.

[26] 梁碧.护心滩建筑物稳定性研究[D].重庆:重庆交通大学,2009.

[27] 唐银安,吴安江.山区冲积性河流整治建筑物水毁原因及防治初探[J].水运工程.1997(4):38-39.

[28] 杨胜发.内流河宽浅变迁河段水沙运动规律研究[D].成都:四川大学,2003.

[29] 南京水利科学研究院,长江航道规划设计研究院.长江中游航道整治鱼嘴工程稳定性关键技术研究[R].2006.

[30] 长江航道规划设计研究院,武汉大学.长江中游沙市河段航道整治三八滩控制守护工程工可阶段动床模型试验研究[R].武汉.

[31] 郑英,等.四面六边透水框架护滩结构效果水槽试验研究[J]. 水运工程,2012(11):127-131.

[32] 谭伦武.长江中游航道整治护滩带稳定性关键技术研究[R].武汉:长江航道规划设计研究院, 2006 .

[33] 谭伦武.边滩护滩(底)建筑物布置与结构研究[R].武汉:长江航道规划设计研究院, 2009.

[34] 马爱兴,等.长江中下游航道整治护滩带损毁机理分析及应对措施[J].水利水运工程学报,2011(2).

[35] 张秀芳,等.软体排护滩带的护滩效果研究[J].水运工程,2010(12) : 98-103.

[36] 曹民雄,等.心滩水力特性及冲刷变形研究[R].南京: 南京水利科学研究院,2010.

[37] 李文全,等.长江中下游航道整治软体排护滩带结构优化设计[J]. 水运工程,2012(1):88-92.

[38] 刘倩颖,等.四面六边透水框架群的护滩效果研究[J]. 水运工程,2009(12):44-48.

[39] 喻涛.心滩守护前后水力特性研究[D]. 重庆: 重庆交通大学, 2009.

[40] 刘燕,等.丁坝布置形式与河道整治目的的承辅关系[J].人民黄河,2007(4):13-14.

[41] 喻涛.不同结构型式丁坝稳定性试验研究[J].人民长江,2013(24):54-57.

[42] 南京水利科学研究院,长江航道规划设计研究院.长江中游航道整治鱼嘴工程稳定性关键技术研究[R].2006.

[43] 黄成涛,等.长江中游三八滩应急守护工程护滩(底)整治建筑物结构技术专题研究[R].武汉:长江航道规划设计研究院,2008.

[44] 黄成涛,等.长江中游沙市河段航道整治工程施工图设计[R].武汉:长江航道规划设计研究院,2008.

[45] 袁达全,等. 三八滩头部抗冲结构专题研究[R].武汉:长江航道规划设计研究院,2008.

[46] 王平义,高桂景.长江航道整治丁坝稳定性关键技术研究[R].重庆: 重庆交通大学,2006,3.

[47] 曹民雄, 周彬瑞,蔡国正,等. 鱼嘴工程的研究及其在航道整治中的应用[J]. 水运工程,2006,(6):50-56.

[48] 周彬瑞,曹民雄,王秀红,等. 鱼骨坝工程刺坝最佳间距的研究[J]. 水运工程,2006(11):74-78.

[49] 曹民雄, 蔡国正, 王秀红. 长江中游航道整治鱼嘴稳定性关键技术研究[R]. 南京:南京水利科学研究院,2006.

[50] 长江航道规划设计研究院. 长江中游航道整治护滩带稳定性关键技术研究[R]. 武汉:长江航道规划设计研究院,2006.

[51] 曹棉. 软体排在长江航道整治工程中的应用[J]. 水运工程,2004(9):70-73.

[52] 中国科学院地理研究所地貌研究室长江模型实验小组. 长江中下游分汉河道演变的实验研究[J]. 地理学报,1978, 33(2):128-146.

[53] 洪大林, 李春潮. 长江下游扬中河段河床演变分析[J]. 城市道桥与防洪, 2007,9(9):46.

[54] 廖小永,卢金友,黎礼刚. 三峡水库蓄水运行后荆江河道特性变化研究[J]. 人民长江,2007.11,38(11):91.

[55] 彭严波,段光磊. 长江荆江河段沙市三八滩演变机理分析[J]. 人民长江,2006,37(9):82-83.